Bilal Ahmad Tantry
Shaik Rahiman
Mudasar Nabi

Poluição por arsénico e micróbios - uma ameaça global emergente

Bilal Ahmad Tantry
Shaik Rahiman
Mudasar Nabi

Poluição por arsénico e micróbios - uma ameaça global emergente

ScienciaScripts

Cover image: www.ingimage.com

This book is a translation from the original published under ISBN 978-3-659-81296-5.

Publisher:
Sciencia Scripts
is a trademark of
Dodo Books Indian Ocean Ltd. and OmniScriptum S.R.L publishing group

120 High Road, East Finchley, London, N2 9ED, United Kingdom
Str. Armeneasca 28/1, office 1, Chisinau MD-2012, Republic of Moldova, Europe
Printed at: see last page
ISBN: 978-620-8-28504-3

Prefácio

A contaminação das águas subterrâneas por arsénio está generalizada e há várias regiões onde a contaminação da água potável por arsénio é significativa. Reconhece-se agora que pelo menos 140 milhões de pessoas em 50 países têm bebido água contendo arsénico a níveis superiores ao valor de referência provisório da OMS de 10 μg/L. A contaminação por arsénico das águas subterrâneas no aquífero aluvial subjacente ao Bangladesh e à Índia foi reconhecida como um problema importante de proporções catastróficas. Verificou-se que as águas subterrâneas extraídas por poços tubulares pouco profundos deste aquífero contêm níveis elevados de arsénico que não são seguros para beber e cozinhar. Milhares de pessoas já foram identificadas como afectadas por envenenamento por arsénico, para além dos milhões potencialmente ameaçados por beberem água contaminada. O fornecimento de água sem arsénico é urgentemente necessário para a proteção imediata da saúde e do bem-estar das pessoas que vivem nas zonas afectadas pelo arsénico. Na maioria das situações, a substituição da água dos poços tubulares por uma fonte alternativa segura e fiável de abastecimento de água não é uma tarefa fácil. O tratamento da água de poços tubulares contaminada com arsénico é uma opção importante nas zonas afectadas pelo arsénico no Bangladesh e na Índia. Os sintomas e sinais causados pela exposição prolongada e elevada ao arsénio inorgânico diferem entre indivíduos, grupos populacionais e áreas geográficas. Assim, não existe uma definição universal da doença causada pelo arsénio. Este facto complica a avaliação do peso do arsénio na saúde.

Índice

Listas de abreviaturas

ars	Arsenic resistance
As	Arsenic
AsIII	Trivalent Arsenic (arsenite)
As v	Pentavalent arsenic (arsenate)
bp	Base pair
EDTA	Ethylene diamine tetraacetic acid
et al.	et alia (and others)
g	Gram
min	Minute
(m, μ, n) m	(milli, micro, nano) Meter
(m, n) g	(milli, nano) Gram
(m, μ) L	(milli, micro) Liter
(m) M	(milli) Molar
%	Percent
pH	Negative log of hydronium ion
(p) Moles	(pico) Moles
pp	Pages
ppb	Part per billion
rDNA	Ribosomal deoxyribonucleic acid
RNA	Ribonucleic acid
rpm	Round per minute
sp.	Species
v/v/v	Volume/volume/volume
w/v	Weight/volume
w/w	Weight/weight

CAPÍTULO 1

INTRODUÇÃO

A contaminação das águas subterrâneas com arsénio continua a ser um problema público importante em muitas regiões do mundo, particularmente no Bangladesh e em Bengala Ocidental, na Índia, devido à sua toxicidade aguda e crónica e às suas propriedades cancerígenas (Karim 2000; Nordstrom 2002). Em 1993, a Organização Mundial de Saúde estabeleceu um nível de segurança para o arsénio de 10 ug/L nas suas orientações para a água potável. É necessário desenvolver processos rentáveis para remover o arsénio das águas subterrâneas, a fim de tornar a água potável.

Embora tanto o arseniato inorgânico (As (V)) como o arsenito (As (III)) coexistam normalmente nas águas subterrâneas, o As (III), mais tóxico, predomina frequentemente, chegando a representar 74 a 98% do arsénio total. Uma vez que o As (III) é mais difícil de remover do que o As (V) utilizando tratamentos convencionais como a precipitação, adsorção, permuta iónica e filtração por membranas, é necessária uma oxidação preliminar a As (V) para melhorar a remoção global do arsénio. Embora o cloro, o H2O2 e o ozono sejam oxidantes eficazes, estes oxidantes químicos nem sempre são úteis em aplicações práticas devido ao seu elevado custo, à oxidação ineficaz do As (III) e à geração de subprodutos indesejáveis devido a reacções inespecíficas. A oxidação microbiana do As (III) tem sido considerada uma alternativa atractiva devido à sua reação específica para o As (III), que resulta numa elevada eficiência, para além da sua natureza rentável e amiga do ambiente.

Recentemente, várias bactérias oxidantes heterotróficas e quimiolitoautotróficas de As (III) foram isoladas de diferentes ambientes. As bactérias oxidantes de As (III) quimiolitoautotróficas (CAO) podem utilizar As (III) como dador de electrões e a oxidação de As (III) pode apoiar o seu crescimento, enquanto a oxidação de As (III) por bactérias oxidantes de As (III) heterotróficas (HAO) é geralmente considerada como um mecanismo de desintoxicação. Uma vez que as CAO apresentam geralmente uma taxa de oxidação específica de As (III) mais elevada do que as HAO. As CAO são mais atractivas à luz das aplicações práticas de remediação. A evidência de que os CAO podem também crescer em condições heterotróficas é outra vantagem da aplicação de CAO na bioremediação do arsénio. No entanto, a maioria das bactérias oxidantes de As (III) isoladas até agora eram heterotróficas e apenas um número limitado de CAO foi isolado e caracterizado em pormenor quanto à sua capacidade de oxidação de As (III). Além disso, poucos relatórios descreveram a remoção de arsénio utilizando CAOs. Consequentemente, devem ser realizados mais estudos para estabelecer uma estratégia de biorremediação para águas subterrâneas contaminadas com arsénio utilizando CAOs. Para obter bactérias oxidantes de As (III) eficazes para a remoção de arsénio das águas subterrâneas, foi criada uma cultura de enriquecimento de bactérias oxidantes de As (III) a partir de solo contaminado com arsénio em condições autotróficas. Em seguida, as bactérias oxidantes de As (III) presentes na cultura de enriquecimento foram isoladas e caracterizadas pelas suas capacidades de oxidação de As (III) através de estudos de oxidação de As (III) e da análise molecular dos genes da oxidase de As (III), bem como pelas suas propriedades fisiológicas básicas e posições filogenéticas.

O arsénio (As), um conhecido carcinogéneo para o ser humano, encontra-se amplamente distribuído na água, no solo e no ar. É um elemento omnipresente de origem natural e antropogénica e contamina frequentemente as reservas de água. Na maioria dos casos, a contaminação das águas subterrâneas por As provém naturalmente de sedimentos de aquíferos ricos em As. As águas subterrâneas naturais que contêm As utilizadas para beber, irrigar ou para fins agrícolas causam graves problemas de saúde às pessoas. Por conseguinte, a Organização Mundial de Saúde reduziu o limiar aceitável de As na água potável de 50 para 10 μg/l (Organização Mundial de Saúde, 2008), embora outros países tenham adotado valores mais elevados como normas nacionais, como 7 μg/l para a Austrália e a Nova Zelândia e 50 μg/l para o Bangladesh (Yamamura, 2001). Por conseguinte, a investigação sobre a melhoria ou o desenvolvimento de tecnologias de tratamento eficazes para remover o As das águas subterrâneas contaminadas está a tornar-se mais frequente.

Numerosos países, incluindo o Bangladesh, a Índia, a China, os Estados Unidos e Taiwan, comunicaram a existência de águas subterrâneas contaminadas com As (Nordstrom, 2012). Em Taiwan, os aquíferos contaminados com As estão normalmente localizados nos sedimentos da planície costeira onde as águas subterrâneas estão a reduzir (Lu et al., 2011). A zona costeira do sudoeste está historicamente associada a casos endémicos da doença dos pés negros (BFD), uma doença vascular periférica causada pela ingestão a longo prazo de águas subterrâneas contaminadas com As (Chen et al., 1986). Para além da zona da BFD, foram também observados níveis elevados de As nas águas subterrâneas de outras regiões de Taiwan, incluindo os condados de Yilan, Yunlin, Chiayi e Tainan. Atualmente, as águas subterrâneas contaminadas com As ainda são ingeridas por alguns residentes destas regiões e são também muito utilizadas para fins domésticos, agrícolas, aquícolas e industriais. Por conseguinte, há uma necessidade urgente de desenvolver tecnologias eficazes e económicas para remover o As das águas subterrâneas nestas regiões.

O arsenito (As(III)) e o arsenato (As(V)) são observados mais frequentemente em ambientes aquáticos. Em geral, o As(III) é mais móvel e perigoso para os organismos do que o

As(V) (Hughes, 2002). A distribuição das espécies de As nas águas naturais depende principalmente do potencial de redução-oxidação e das condições de pH (Tailman e Shaikh, 1980). Em condições de redução ligeira, como nas águas subterrâneas, o As(III) é a forma termodinamicamente estável (Cullen e Reimer, 1989). Várias tecnologias convencionais de tratamento, como a floculação, a coagulação, a permuta iónica e a adsorção em óxido de ferro ou alumina activada, têm sido aplicadas para remover o As das fontes de água (Giles et al., 2011; Hashim et al., 2011; Matis et al., 1999; Zouboulis e Katsoyiannis, 2002). A maioria destas tecnologias de tratamento é ineficiente na remoção de As(III). Por conseguinte, é normalmente necessário um procedimento de pré-oxidação para oxidar o As(III) em As(V) através da adição de reagentes químicos, como o ozono, o peróxido de hidrogénio ou o óxido de manganês (Driehaus et al., 1995; Kim e Nriagu, 2000). No entanto, estes reagentes podem causar vários problemas, como a presença de resíduos, a formação de subprodutos e a ineficiência em termos de custos.

O presente estudo analisou uma tecnologia alternativa para a remoção de As(III) e As(V) das águas subterrâneas. O estudo baseou-se (i) na oxidação enzimática de As (III) em As (V) menos solúvel, utilizando uma bactéria nativa isolada oxidante de As (III) e, subsequentemente, (ii) na utilização de biomassa microbiana como um sorvente potencial para a remoção de As (V) das águas subterrâneas. Isolámos uma bactéria oxidante de As (As7325) do aquífero aluvial pouco profundo contaminado com As na área endémica da BFD em Taiwan. Depois de utilizarmos a As7325 para oxidar o As(III) em As(V), examinámos a remoção do As(V) das águas subterrâneas utilizando pellets de células de As7325.

CAPÍTULO 2

Visão geral do arsénio

O arsénio (As) é um metal que ocorre naturalmente na crosta terrestre (ATSDR 2007).

As utilizações modernas do As incluem a sua utilização como conservante da madeira e a sua utilização em pesticidas, ligas para baterias de chumbo-ácido, semicondutores e díodos emissores de luz (ATSDR 2007). Sabe-se que o arsénio existe em quatro estados de oxidação, incluindo As(V) (arseniato), As(III) (arsenito), As(0) (arsénio) e As(-III) (arsina) (Sharma e Sohn 2009), embora ocorra mais frequentemente em ambientes relativamente óxicos como As(V) e em ambientes anóxicos como As(III) (USEPA 2005; ATSDR 2007). No ambiente, o As ocorre naturalmente tanto em formas orgânicas como inorgânicas.

O arsénio é libertado para o ambiente através do ar, da água e do solo (ATSDR 2007). Em 2004, estimava-se que as libertações de As e de compostos de As para a atmosfera por instalações domésticas de fabrico e transformação representavam menos de 1%, em conjunto, do total estimado de libertações para o ambiente de instalações que têm de comunicar ao Inventário de Libertação de Tóxicos (TRI) (ATSDR 2007).

Uma vez que o As ocorre naturalmente no solo, na vegetação e nas águas oceânicas, está frequentemente presente na atmosfera sob a forma de partículas transportadas pelo ar, por vezes emitidas através da atividade vulcânica, da pulverização de sal marinho e dos incêndios florestais. As libertações antropogénicas de As para a atmosfera são geradas pela fundição de metais não ferrosos, combustão de carvão, petróleo e madeira, incineração de resíduos urbanos, centrais eléctricas alimentadas a carvão e petróleo e outros processos agrícolas e industriais (ATSDR 2007). As libertações de As e de compostos de As para as águas superficiais nos Estados Unidos por instalações domésticas de fabrico e transformação representaram cerca de 2%, em conjunto, do total estimado de libertações para o ambiente provenientes de instalações que tiveram de apresentar relatórios ao Inventário das Libertações de Substâncias Tóxicas (TRI) em 2004 (ATSDR 2007).

Os processos naturais, incluindo a meteorização do solo e das rochas, bem como a atividade vulcânica, contribuem para a libertação de As para as águas de superfície (ATSDR 2007). As contribuições antropogénicas provêm de operações de extração mineira e fundição, descargas de águas residuais e lamas de depuração, centrais eléctricas a carvão, processos de fabrico, escoamento urbano e deposição atmosférica (ATSDR 2007). Além disso, o As pode ser lixiviado do solo, de aterros sanitários e de pilhas de escória para o abastecimento de água subterrânea (ATSDR 2007). As libertações de As e de compostos de As para o solo representam as maiores quantidades de As libertadas para o ambiente. Em 2004, estimava-se que cerca de 97% do As e dos compostos de As libertados para o ambiente pelas instalações de fabrico e transformação obrigadas a apresentar relatórios ao Inventário de Libertação de Substâncias Tóxicas (TRI) eram libertados para o solo (ATSDR 2007). As fontes antropogénicas de As libertadas para o ambiente provêm de resíduos de cinzas de centrais eléctricas, resíduos de fundição e de exploração mineira e resíduos municipais, comerciais e industriais (ATSDR 2007).

Foi determinado que o arsénio tem inúmeros efeitos na saúde humana. Nos seres humanos, a toxicidade induzida pelo As deve-se principalmente à exposição ao As inorgânico, variando os efeitos na saúde em função da via de exposição (ATSDR 2007). A investigação indica que a principal via de exposição de As para a população em geral será a via oral, proveniente de alimentos e água potável que contenham concentrações de As (ATSDR 2007). O risco de exposição ao As por outras vias é provavelmente pequeno, com exceção das zonas altamente contaminadas ou das pessoas com risco de exposição profissional. As exposições agudas e crónicas ao As têm provocado efeitos adversos em praticamente todos os sistemas do corpo humano (Ratnaike 2003). A exposição aguda ao As tem causado náuseas, vómitos, dores abdominais, diarreia, psicose, erupções cutâneas, convulsões e insuficiência renal e respiratória (Ratnaike 2003). A exposição crónica ao As tem provocado uma maior acumulação de As em vários órgãos e tecidos, malignidade na maioria dos órgãos, hiperpigmentação e aumento do risco de doenças cardiovasculares, arteriais periféricas e respiratórias (Ratnaike 2003). O arsénio é considerado um carcinogéneo humano por numerosas agências nacionais, federais e internacionais (ATSDR 2007). Devido aos efeitos adversos da toxicidade crónica do As em níveis baixos de ingestão,

A USEPA diminuiu o nível máximo de contaminante de As na água potável de 50 para 10 µg/L (Kapaj et al. 2006).

As agências federais internacionais e nacionais estabeleceram padrões de água potável para o arsénio. A Organização Mundial de Saúde (OMS) estabeleceu um padrão de água potável de 10 µg/L para As (Sharma e Sohn 2009), que é usado como base para os padrões de água potável para a União Europeia (CEU 2003). As normas actuais de água potável estabelecidas pela USEPA para o As fixaram o MCLG e o MCL em 0 µg/L e 10 µg/L, respetivamente (USEPA 2009). Para sedimentos no estado do Texas, a USEPA definiu o nível de rastreio de As no solo em 6,4 mg/kg de sedimento seco (USEPA 2005a).

Contaminação da água

Mesmo no início do século XXI, mais de mil milhões de pessoas em todo o mundo não dispõem de água potável. As águas de superfície e as águas subterrâneas são as duas principais fontes de água potável.

Os rios, lagos e reservatórios são a principal fonte de águas superficiais e os aquíferos são a fonte de águas subterrâneas. Esta água pode estar contaminada com produtos químicos, resíduos animais, pesticidas, resíduos humanos e substâncias naturais. Para tratar os contaminantes da água, é utilizado um sistema centralizado de monitorização da água em muitas partes dos países desenvolvidos, como os Estados Unidos (EUA) [1], a União Europeia, a Austrália, o Canadá, a África do Sul, etc. Por outro lado, a maior parte dos países em desenvolvimento, como Bangladesh, Chile, México, Vietname, Taiwan, etc., não dispõe de instalações modernas de monitorização da qualidade da água. É necessário um processo de remoção económico nos países em desenvolvimento que não dispõem de instalações de tratamento centralizadas para combater os contaminantes mortais.

Contaminação geogénica por arsénio

Em todas as regiões deltaicas do Sudeste Asiático, a principal fonte de água potável é a água subterrânea, porque as águas superficiais contêm níveis elevados de agentes patogénicos para o homem (Nordstrom, 2002) devido ao escoamento dos campos agrícolas e dos resíduos domésticos. De facto, desde a década de 1960 que os habitantes das zonas rurais do Bangladesh e de Bengala Ocidental perfuram poços tubulares pouco profundos para terem acesso a uma fonte de água potável alternativa, presumivelmente mais segura (Mukheijee & Bhattacharya, 2001).

Infelizmente, os residentes começaram a desenvolver uma série de doenças, incluindo lesões cutâneas, que acabaram por ser atribuídas ao envenenamento por arsénico (As) (Chakraborti et al., 2002; Smith et al., 2000). Atualmente, mais de 100 milhões de pessoas na região do Delta do Ganges-Meghna-Brahmaputra (GMBD), no Bangladesh e em Bengala Ocidental, no Delta do

Rio Vermelho (RRD), no Vietname, e no Delta do Rio Mekong (MKD), no Vietname e no Camboja, consomem água subterrânea que contém níveis inseguros de As, de acordo com a diretriz regulamentar da Organização Mundial de Saúde (10 pg/1) (Nickson et al., 2011). O consumo regular de níveis inseguros de As provoca doenças graves, como o cancro do pulmão, da bexiga e da pele, doenças vasculares e diabetes, e afecta negativamente o desenvolvimento intelectual das crianças. Por conseguinte, a compreensão dos processos que promovem a mobilização de As nos aquíferos de águas subterrâneas é vital para a gestão do abastecimento de água e a proteção da saúde humana.

A química ambiental do arsénico

O arsénio é um metaloide que se encontra na crosta terrestre, bem como na atmosfera, na biosfera e na hidrosfera (Cullen & Reimer, 1989). As fontes naturais de arsénio no solo, nas águas subterrâneas e nas águas superficiais incluem os fluidos geotérmicos e os produtos da meteorização de minerais ricos em arsénio, como a arsenopirite. As concentrações médias naturais de arsénio nos solos situam-se entre cinco e dez partes por milhão (equivalente a 5 a 10 g/1), enquanto os solos derivados de material de origem rico em arsénio podem conter até 45 partes por milhão de arsénio (Smedley & Kinniburgh, 2002). As concentrações naturais de arsénio nas águas subterrâneas e superficiais são geralmente uma ordem de grandeza inferior às encontradas nos solos.

O comportamento químico do arsénio (As) no ambiente é influenciado principalmente pelo pH e pelo estado de oxidação-redução (redox) do ambiente. Os estados de oxidação predominantes do As, As(V) e As(III), formam uma variedade de oxianiões que influenciam significativamente a mobilidade do As em ambientes aquáticos (O'Day, 2006). O arseniato (H3AsO4, um oxianião de As(V)) é a forma mais comum de As em ambientes de pH neutro.

O arseniato é geralmente imobilizado em condições oxidantes porque tem uma elevada afinidade de absorção pelos minerais de óxido de Fe (Palmer et al., 2006). Em condições redutoras, por exemplo em águas subterrâneas anaeróbias, o arseniato tem uma afinidade de absorção ligeiramente inferior para os óxidos de Fe e pode ser mais facilmente dessorvido das superfícies minerais. A um pH neutro, o ácido arsenioso (H3AsO3, um oxianião de As(III)) só é geralmente observado em condições redutoras. O ácido arsenioso é mais móvel do que o arseniato, uma vez que é estável e tem carga neutra, pelo que não tem uma elevada afinidade de sorção para os óxidos de Fe (O'Day, 2006).

A origem do arsénico no Sudeste Asiático

O As nos aquíferos não confinados pouco profundos (<100 m) do Sudeste Asiático tem origem em minerais de metal-sulfureto ricos em As nos Himalaias, como a arsenopirite, que foram desgastados e transportados através de redes fluviais durante o recuo glacial do Holocénico (-10 000 anos) (Stanger, 2005). O material intemperizado foi depositado no GMBD, no RRD e no MKD ao longo dos milénios e, atualmente, o As é absorvido por minerais de óxido de ferro (Fe) que revestem os sedimentos do aquífero deltaico (Charlet & Polya, 2006). A investigação ao longo da última década demonstrou que um conjunto de processos hidrológicos e biogeoquímicos contribui para a libertação de As das superfícies minerais de óxido de ferro em aquíferos com elevado teor de As. Em geral, a investigação científica sobre a mobilização de As nas águas subterrâneas tem sido realizada no GMBD desde que a contaminação geogénica por As no Sudeste Asiático foi aí reconhecida pela primeira vez (Nickson et al., 1998). No entanto, a investigação efectuada no DRR e no MKD também melhorou a nossa compreensão da mobilização de As nas águas subterrâneas nesta região.

Processos hidrológicos que influenciam a mobilização do arsénio nas águas subterrâneas

Os aquíferos deltaicos no Sudeste Asiático são recarregados a partir de fontes regionais e locais. As taxas regionais de recarga de águas subterrâneas são influenciadas principalmente pela topografia, e há muito pouco relevo nas regiões que rodeiam estes grandes deltas de rios. Por exemplo, os gradientes hidráulicos na zona de recarga do GMBD são -10-4 (Burgess et al., 2002; Harvey, 2002) e, portanto, as taxas de recarga regional são relativamente lentas (Ahmed et al., 2004), com estimativas que variam entre 400 e 1800 cm/ano (Ravenscroft et al., 2004; van Geen et al., 2008). As taxas de recarga locais variam entre 0,05 e Im/ano no GMBD (Stute et al., 2007; van Geen et al., 2006a), e o elevado grau de variabilidade deve-se provavelmente a diferentes taxas de extração de águas subterrâneas.

As principais fontes locais de recarga de águas subterrâneas são os rios adjacentes, os lagos artificiais e as inundações sazonais das chuvas de monção (Ahmed et al., 2004). Em geral, as concentrações de As nas fontes de recarga de águas superficiais, que são oxigenadas, são inferiores a 10 µg/l. No entanto, existe uma forte relação entre a idade da água subterrânea e as concentrações de As na água subterrânea, sugerindo que há uma acumulação de As com o fluxo lateral da água subterrânea (Stute et al., 2007) e um transporte de água subterrânea carregada de As para a profundidade (Polizzotto et al., 2008). Parece que os factores que influenciam o fluxo lateral e vertical e as taxas de recarga, tais como a granulometria dos sedimentos e as actividades humanas, como a bombagem para irrigação, também estão relacionados com as concentrações de As nas águas subterrâneas dos aquíferos deltaicos do Sudeste Asiático. Por exemplo, as taxas de fluxo das águas subterrâneas são mais lentas nos sedimentos finos e siltosos, que são menos permeáveis do que os sedimentos arenosos, e as concentrações de As na água dos poros são também mais elevadas nos sedimentos de grão fino. Em contrapartida, a bombagem de água subterrânea para irrigação aumenta a taxa de fluxo vertical da água subterrânea e promove o fluxo de água de lago rica em matéria orgânica para o aquífero, o que pode aumentar as taxas de mobilização de As na água subterrânea (Harvey et al., 2002; Neumann et al., 2010). A investigação sugere que a irregularidade no tamanho do grão dos sedimentos e as perturbações hidrológicas devidas à bombagem de irrigação são parcialmente responsáveis pela considerável heterogeneidade espacial nas concentrações de As nas águas subterrâneas observadas em aquíferos com elevado teor de As no Sudeste Asiático.

Ciclo biogeoquímico do arsénio nas águas subterrâneas

Um conjunto de processos biogeoquímicos promove a mobilização de As das águas subterrâneas nos aquíferos deltaicos do Sudeste Asiático. O paradigma atual é que as bactérias redutoras de Fe nativas nos sedimentos do aquífero causam a dissolução redutora de minerais de óxido de Fe, o que resulta na libertação de As sorvido em condições anaeróbias e redutoras. Para além disso, a investigação ao longo da última década demonstrou que as taxas de redução bacteriana do Fe e a mobilização do As nas águas subterrâneas são largamente influenciadas pela disponibilidade de matéria orgânica.

Em primeiro lugar, as bactérias heterotróficas nas profundidades próximas da superfície do aquífero utilizam fontes de matéria orgânica para obter carbono e azoto para sintetizar a biomassa e para obter dadores de electrões durante a redução respiratória do oxigénio. A atividade heterotrófica consome rapidamente oxigénio e resulta em condições anaeróbias e redutoras na zona saturada do aquífero. Em condições redutoras, as bactérias redutoras de Fe emparelham a oxidação de fracções lábeis da matéria orgânica dissolvida (DOM), tais como ácidos orgânicos de baixo peso molecular, com a redução de Fe(III) nos minerais de óxido de Fe. Além disso, é provável que as bactérias nativas utilizem DOM lábil como dador de electrões durante a redução dissimilatória de As(V) em aquíferos com elevado teor de As no Sudeste Asiático.

Mais recentemente, a investigação indicou que as bactérias podem utilizar fracções mais recalcitrantes de matéria orgânica enquanto medeiam o ciclo do oxigénio nas águas subterrâneas. Em ambientes aquáticos anaeróbios, um grupo diverso de bactérias gera energia através da oxidação de matéria orgânica lábil e da redução de quinonas redox-activas nas substâncias húmicas. É provável que a redução de quinonas esteja filogeneticamente disseminada entre as bactérias em sedimentos aquáticos anaeróbios de pH neutro, porque outros aceptores de electrões são insolúveis e a redução de quinonas pode produzir mais energia do que a redução de minerais de óxidos metálicos (Straub et al., 2005). A redução bacteriana da quinona promove uma cascata de electrões em que as porções reduzidas de quinona transferem abioticamente electrões para o Fe(III) e provocam a dissolução redutora dos minerais de óxido de Fe. Na verdade, as provas obtidas em experiências laboratoriais sugerem que a redução abiótica de Fe(III) através de quinonas reduzidas é significativamente mais rápida do que a redução bacteriana de Fe (Jiang & Kappler, 2008). Assim, nos aquíferos com elevado teor de As do Sudeste Asiático, a redução bacteriana de quinonas pode ser responsável pela aceleração das taxas de dissolução do óxido de Fe e, subsequentemente, pela libertação de As nas águas subterrâneas. De facto, foram descobertas porções de quinona reduzidas em águas subterrâneas com elevado teor de As no GMBD.

A química e a origem da matéria orgânica dissolvida

A MOD é uma mistura quimicamente heterogénea de constituintes com uma vasta gama de propriedades químicas e ecológicas. A decomposição de material vegetal e a biomassa microbiana representam as fontes primárias de matéria orgânica nos ambientes aquáticos. No entanto, investigações recentes sugerem que os compostos de matéria orgânica excretados pelas bactérias durante a respiração podem também constituir uma proporção significativa do conjunto total de matéria orgânica. A fração lábil da matéria orgânica, que é rapidamente degradada pelas bactérias no ambiente, é constituída por compostos de baixo peso molecular, como os hidratos de carbono, as proteínas, os aminoácidos e os lípidos. Em contrapartida, as substâncias húmicas, que constituem entre 60% e 80% da MOD, são relativamente resistentes à degradação pelas bactérias, embora algumas bactérias estuarinas e lacustres possam utilizar as substâncias húmicas como fontes de carbono e azoto.

No GMBD, a recarga local de águas subterrâneas a partir de lagoas, rios e inundações sazonais fornece novas fontes de ADM aos aquíferos. Os estudos efectuados indicam que as águas residuais domésticas provenientes destas fontes são essencialmente lábeis. Os resíduos de latrinas representam outra fonte de MOD lábil para profundidades pouco profundas nos aquíferos (McArthur et al., 2004) e podem também introduzir bactérias associadas ao homem, incluindo agentes patogénicos intestinais, nas águas subterrâneas (Knappett et al., 2011). A libertação de matéria orgânica sedimentar durante a dissolução redutora de óxidos de Fe também contribui para o reservatório de matéria orgânica da água subterrânea. A matéria orgânica sedimentar libertada dos sedimentos do aquífero perto da superfície do solo é geralmente bastante lábil (Polizzotto et al., 2008).

Assim, é provável que a DOM proveniente de fontes locais de recarga de águas superficiais e de sedimentos próximos da superfície forneça fontes de carbono e azoto para a síntese de biomassa e doadores de electrões para a respiração. Em contrapartida, a matéria orgânica libertada dos sedimentos mais profundos dos aquíferos é mais aromática e contém substâncias húmicas, pelo que pode servir principalmente como dador de electrões para a redução das quinonas respiratórias.

Ecologia microbiana de aquíferos com elevado teor de arsénio

A composição e a atividade das comunidades bacterianas em aquíferos com elevado teor de As parece ser influenciada pela disponibilidade de DOM. Investigações anteriores indicam que as comunidades bacterianas nos sedimentos dos aquíferos são diversas e que a maioria da comunidade é composta por taxa oligotróficos que não foram previamente identificados como redutores de Fe ou As. Por exemplo, as Betaproteobacteria foram os membros dominantes dos sedimentos recolhidos de aquíferos no GMBD (Hery et al., 2010) e no MKD, enquanto as Gammaproteobacteria, Alphaproteobacteria, Bacteriodetes e Firmicutes também foram relativamente abundantes em comunidades bacterianas de vários aquíferos afectados pela contaminação geogénica por As no Sudeste Asiático. Em amostras ambientais de aquíferos com elevado teor de As, as Deltaproteobacteria foram comparativamente menos abundantes do que outros taxa, apesar de existirem muitos redutores de Fe e As conhecidos nesta classe bacteriana. No entanto, os resultados de experiências de incubação indicam que a abundância e a atividade das Deltaproteobactérias no ambiente podem ser dificultadas por um baixo fornecimento de DOM em aquíferos com elevado teor de As.

Várias experiências mostraram que o aumento das concentrações de DOM lábeis provoca alterações significativas na composição das comunidades bacterianas dos sedimentos do aquífero e um aumento da abundância relativa de Deltaproteobacteria. Por exemplo, foram observados aumentos dramáticos na proporção de taxa estreitamente relacionados com os conhecidos redutores de Fe e As do género Geobacter, e aumentos correspondentes nas taxas de redução de Fe e de mobilização de As, em incubações alteradas com acetato de sódio, um indicador de carbono lábil. Em menor grau, a adição de acetato pareceu estimular Clostridia relacionada com bactérias fermentadoras conhecidas e Gammaproteobacteria do género Pseudomonas (Lear et al., 2007; Rowland et al., 2007). Além disso, as abundâncias relativas de Deltaproteobacteria e Gammaproteobacteria foram mais elevadas em incubações com carbono lábil e um composto modelo de quinona do que em incubações com apenas acetato (Rowland et al., 2007). Assim, os resultados destas experiências sugerem que a química e a disponibilidade de ADM influenciam a abundância de taxa bacterianos como Deltaproteobacteria, para além de outros subfilos dentro da subfila

Proteobactérias, que podem promover a mobilização de As nas águas subterrâneas em aquíferos com elevado teor de As.

Água contaminada com arsénico e efeitos na saúde

Entre todos os contaminantes das águas subterrâneas, o arsénico (As) é o mais conhecido e perigoso para a saúde humana. A existência de arsénico na água foi descrita pela primeira vez num relatório de *Agricola em De Re Metallica*, em 1556, que envolvia cobalto arsenical, que corroía a pele das mãos dos trabalhadores. Este produto químico tóxico pode mesmo provocar cancro da pele, do fígado, dos rins e da bexiga. O arsénio, um elemento tóxico e cancerígeno omnipresente, pode ser encontrado em águas subterrâneas que fluem através de rochas ricas em arsénio. As formas de arsénio trivalente As (III) e pentavalente As (IV), encontradas na água natural, são as que mais ameaçam a saúde pública. A exposição prolongada ao arsénio na água potável pode causar cancro da pele, dos pulmões, da bexiga urinária e dos rins, bem como outras alterações cutâneas, como alterações da pigmentação e espessamento (hiperqueratose) [3]. Os problemas de saúde causados pelo arsénio dissolvido nas águas subterrâneas são relatados em muitas partes do mundo, como Bengala Ocidental, Taiwan [5], Vietname [6], Bangladesh [7] e México [8]. O problema está também generalizado em muitas zonas dos Estados Unidos. Um estudo recente de avaliação de riscos mostrou que as regiões rurais do sul da Califórnia, Arizona, Flórida, Washington, Nova Inglaterra, Michigan, Minnesota, Dakota do Sul, Oklahoma, Wisconsin e algumas outras espalhadas pelos EUA enfrentam atualmente um risco elevado de exposição ao arsénio através do consumo de águas subterrâneas não tratadas.

A situação da contaminação por arsénio é mais grave no caso dos países em desenvolvimento como o Bangladesh, devido à gravidade da contaminação e ao número de pessoas expostas. De acordo com algumas estimativas, o arsénico na água potável pode causar 200 000 - 270 000 mortes por cancro só no Bangladesh até 2050. Na maior parte das zonas rurais do Bangladesh, a água subterrânea contaminada não é submetida a qualquer processo de tratamento antes de ser bebida. Este facto expõe mais pessoas à gravidade desta substância química mortal. Os compostos solúveis de arsénio são geralmente absorvidos rapidamente pelo organismo a partir do trato gastrointestinal. Estudos demonstraram que vinte anos de consumo sustentado de água contaminada com mais de 50μg/l de arsénio podem causar cancros internos (pulmão, rim, fígado e bexiga) e afetar 10% de todos os expostos. Para além do consumo, esta substância química nociva pode ser disseminada através da cadeia alimentar para o corpo humano a partir do arroz exposto a água de irrigação contaminada com arsénio. Um estudo revelou que as águas subterrâneas contaminadas também elevam o arsénico no arroz, o que expõe a substância química tóxica às populações rurais onde o arroz é o alimento básico.

Gestão dos recursos hídricos subterrâneos

A gestão dos recursos hídricos desempenha um papel importante na proteção contra os contaminantes das águas subterrâneas. Este processo pode salvar as pessoas de graves riscos para a saúde, cujo tratamento posterior pode ser mais dispendioso. Em muitas partes do mundo, as pessoas estão expostas a poços como fonte de água potável, que estão altamente contaminados e não passam por qualquer processo de tratamento. Por exemplo, no Bangladesh, estão em funcionamento cerca de 6 a 11 milhões de poços pouco profundos. A maioria destes poços não é submetida a qualquer processo de tratamento antes do consumo humano. Além disso, não existe uma base de dados fiável que permita determinar o nível de contaminação do arsénico nestes poços. Um país como o Bangladesh precisa de um método alternativo fiável para prever o nível de contaminação dos poços, a fim de evitar a utilização de água não segura.

Compreender o padrão espacial da contaminação num determinado país pode ajudar a identificar as áreas que estão altamente contaminadas e que necessitam de atenção especial para a sua gestão. Por exemplo, as pessoas podem evitar beber água subterrânea na área afetada. Um mapa espacial realista, que aborde o padrão subjacente de contaminação por arsénio, é, por conseguinte, a forma sugerida por esta investigação para identificar o poço seguro e não seguro para consumo humano.

CAPÍTULO 3

Variáveis que influenciam a contaminação por arsénio

Compreender o número de variáveis dominantes que influenciam a contaminação por arsénio das águas subterrâneas é um problema de investigação muito complicado e interdisciplinar. Envolve principalmente a análise da fonte de arsénio, os mecanismos de libertação de arsénio, a mobilidade do arsénio nas águas subterrâneas, etc. Este estudo utilizou a técnica da dimensão de correlação (CD) orientada para os dados e mostrou que existe um certo número mínimo de variáveis dominantes que influenciam a contaminação por As nas águas subterrâneas do Bangladesh. A CD é uma abordagem alternativa para uma solução económica para analisar o problema da contaminação. Além disso, esta técnica tem o potencial de reforçar a técnica de mapeamento espacial baseada em RNA (que é discutida mais tarde no Capítulo 4), através da introdução deste número mínimo de variáveis influentes. O conjunto de dados BGS-DPHE (2001) também é utilizado aqui, que inclui 21 variáveis químicas, incluindo a profundidade dos poços em todo o país [15].

Análise da dimensão de correlação (CD)

A existência de não linearidade e o comportamento dinâmico caótico nos poços pouco profundos do Bangladesh já foram estabelecidos utilizando o algoritmo de dimensão de correlação (CD) de Grassberger-Procaccia, num artigo recente. O resultado indicou que a contaminação por arsénio é um "problema de dimensão média a elevada do ponto de vista da dinâmica caótica". A dimensão de correlação (CD) é uma metodologia para descobrir o número de variáveis dominantes presentes na evolução da dinâmica do sistema subjacente. Existe um certo número de variáveis influentes na contaminação por arsénico da Índia, que variam de acordo com os depósitos do

Pleistoceno e do Holoceno.

A compreensão da natureza das variáveis influentes e a sua integração com a Rede Neuronal Artificial podem ter um enorme potencial na cartografia espacial exacta. A seleção adequada das variáveis influentes exige uma compreensão correta das propriedades geoquímicas da região específica e da história (dados variáveis no tempo) da contaminação.

Presença de dependência regional na contaminação por arsénio

A técnica CD utiliza o integral de correlação para determinar o comportamento caótico ou estocástico subjacente no sistema. "O conceito do integral de correlação é que, mesmo quando um processo pode parecer irregular (ou seja, 'aleatório'), se provém de uma dinâmica determinística, terá um número limitado de graus de liberdade igual ao menor número de equações diferenciais de primeira ordem que captam as caraterísticas mais importantes da dinâmica." O algoritmo de Grossberger-Procaccia utiliza a reconstrução fase-espaço de séries espaciais dos dados.

A Figura 2-1 mostra o número limitado de variáveis na dependência da contaminação, uma vez que as linhas saturam após um determinado valor. Na Figura 2-1, observa-se a saturação do declive logC(r)/log (r), o que indica indícios de um possível comportamento dinâmico não linear determinístico e caótico. "Este valor de saturação do expoente de correlação (também conhecido como Dimensão de Correlação, CD) parece mostrar uma variabilidade moderada entre propriedades geológicas".

A Figura 2-2 mostra a saturação dos valores do expoente de correlação em relação aos valores correspondentes da dimensão incorporada de aproximadamente 14, que se verificou ser 11 noutro estudo. No caso da parte sudoeste do país, o valor do expoente de correlação satura no valor de

10-11 e, na parte noroeste do país, o valor do expoente de correlação satura em 8-9. Este número de valores de saturação representa o impacto subjacente das variáveis influentes presentes na região geográfica.

A CD já está a ser utilizada por Hossain e Sivakumar, que provaram que a dimensão da não linearidade da contaminação por As nas águas subterrâneas do Bangladesh varia entre 8 e 11. Este estudo utiliza o mesmo método utilizado por estes autores e gera um processo automatizado de identificação do caos e da dimensão da não linearidade num determinado sistema. Trata-se de uma porta de entrada para a incorporação de um número de variáveis influentes de CD na entrada da RNA, o que reforçará a técnica de cartografia espacial da contaminação por As.

Fracionamento de Sb e As e implicações para a mobilidade

Vários investigadores utilizaram esquemas de extração sequencial para identificar as concentrações de Sb e As associadas a várias fracções químicas em sistemas de solos completos. Alguns investigadores assinalaram as limitações das técnicas de extração sequencial, incluindo a falta de seletividade e eficiência das várias etapas dos procedimentos e a possível readsorção dos elementos extraídos (Leleyter e Probst 1998; Ahnstrom e Parker 1999). No entanto, estas técnicas continuam a ser amplamente utilizadas e desenvolvidas devido à sua viabilidade económica e à informação sobre a associação de fases (Wilson et al. 2010).

Os vários esquemas de extração de As e Sb e as percentagens de As e Sb extraídas estão resumidos no Quadro 3.1 e no Quadro 3.2, respetivamente. Foi utilizada uma gama de reagentes para extrair Sb e As considerados dissolvidos, solúveis ou lábeis, incluindo, entre outros, água, sais catiónicos divalentes (isto é, MgC12, CaC12) e compostos de amónio. Os vários reagentes foram escolhidos com base na sua seletividade e grau de solubilidade ou permutabilidade. As fracções de Sb associadas a óxidos de Mn foram extraídas com soluções contendo NH2OH (Hou et al. 2006; He 2007), uma vez que este produto químico solubiliza seletivamente os óxidos de Mn, tendo efeitos negligenciáveis na dissolução de Fe (Hou et al. 2006; Silveira et al. 2006). O Sb e o As associados aos óxidos de Fe foram extraídos utilizando soluções contendo oxalato de NH4 (Krysiak e Karczewska 2007; Hou et al. 2006) porque este dissolve os óxidos de Fe (Hou et al. 2006).

O peróxido de hidrogénio e o NaOCl têm sido utilizados para extrair metais associados à matéria orgânica porque ambos os produtos químicos oxidam fortemente a matéria orgânica (Ahnstrom e Parker 1999).

As digestões ácidas fortes com ácido fluorídrico (HF), ácido nítrico (HNO3) e/ou ácido clorídrico (HC1) têm sido utilizadas para extrair metais da fração residual, uma vez que permitem uma recuperação rápida e reprodutível de muitos elementos (Ahnstrom e Parker 1999).

Efeito da química da água na libertação de Sb e As dos leitos dos cursos de água

Concentrações dissolvidas, solúveis e lábeis

As concentrações de Sb e As consideradas dissolvidas, solúveis ou lábeis representam geralmente uma pequena fração do total de metais extraíveis (Flynn et al. 2003; Casado et al. 2007; Krysiak e Karczewska 2007; McLaren et al. 2008; Murciego et al. 2007; Baeza et al. 2010). He (2007) verificou que a fração solúvel em água do Sb era de 0,09 a 2,5% do Sb no solo. Lelyter e Probst (1999) encontraram menos de 1% de Sb solúvel em água e 8,8% realmente trocável. Baeza et al. (2010) encontraram 3,0 a 6,7% de Sb, e 2,1 a 3,8% de As na fração solúvel-trocável.

McLaren et al. (1998) verificaram que menos de 10% do arsénio era livremente permutável e que proporções igualmente pequenas eram facilmente lábeis. Pelo contrário, Brannon e Patrick (1985) verificaram que, em solos misturados com Sb, foram encontradas concentrações elevadas de Sb na água intersticial e nas fases permutáveis. As fracções solúveis em água de Sb e As são geralmente consideradas como a fração móvel de Sb em solos e sedimentos contaminados (Flynn et al. 2003; Casado et al. 2007; Murciego et al. 2007; Baeza et al. 2010).

Associações de oxihidróxidos

As fracções mais elevadas de Sb e As estavam normalmente associadas a óxidos de Fe, Al ou Mn. Leleyter e Probst (1999) verificaram que 53,4% do Sb lixiviado estava ligado a óxidos de Fe cristalinos, 19,8% estava ligado a ferro amorfo e 2,0% estava ligado a óxidos de manganês. Wang et al. (2011) encontraram as fracções mais elevadas de Sb, 22,2 a 66,4%, associadas à fração de Fe-Mn no sedimento. Crecelius et al. (1975) verificaram que, em várias amostras de sedimentos "não contaminados", a maioria do As e cerca de metade do Sb estavam associados a compostos extraíveis de Fe e Al, ao passo que, em amostras contaminadas, menos de 20% do Sb e do As estavam associados a estas fracções. McLaren et al. (1998) verificaram que a maior proporção de As, cerca de 60% do As total, estava na fração associada a óxidos de Fe e Al. Krysiak e Karczewska (2007) verificaram que a maior parte do As, cerca de 23 a 96% do As total, estava associada a óxidos de Fe e Al hidratados. He (2007) encontrou apenas 0,52 a 3,9% de Sb associado a óxidos hidratados de Fe/Mn. Deduz-se que a variação na percentagem de associação de Sb e As com óxidos metálicos se deve a diferentes teores de metais e condições químicas, como o pH do solo, nos solos estudados.

A mobilidade do Sb pode ser limitada pela sua associação com óxidos metálicos em sedimentos (Leuz et al. 2006; Scheinost et al. 2006; Casado et al. 2007; Murciego et al. 2007). O pH é uma variável de controlo da sorção/dessorção de Sb e As em óxidos metálicos (Johnson et al. 2005; Scheinost et al. 2006; Wilson et al. 2010). Além disso, as condições redox podem causar a dessorção ou a dissolução redutora da fase oxi-hidróxida do solo (Krysiak e Karczewska 2007; Wilson et al. 2010).

Assim, o Sb e o As podem tornar-se móveis em condições de pH e redox apropriadas, embora o Sb e o As associados a óxidos e hidróxidos cristalinos ou não cristalinos sejam frequentemente considerados imóveis (Krysiak e Karczewska 2007);

Baeza et al. 2010; Wilson et al. 2010).

Associações de matéria orgânica

As fracções de Sb e As associadas à matéria orgânica também foram relativamente baixas. He (2007) encontrou 0,91 a 4,59% de Sb extraído na fase orgânica/sulfídica. Do mesmo modo, Wang et al. (2011) encontraram 0,53 - 5,11% de Sb associado à matéria orgânica e à fração de sulfureto. Leleyter e Probst (1999) encontraram 8,0% de Sb ligado à matéria orgânica. Crecelius et al. (1975) verificaram que menos de 10% de Sb e As estavam associados à matéria orgânica oxidável no sedimento. Baeza et al. (2010) encontraram 15,0 a 22,5% de Sb e 6,2 a 11,4% de As ligados à matéria orgânica. A sorção/dessorção e as condições específicas da química da água podem afetar as fracções de Sb e As ligadas à matéria orgânica (Buschmann e Sigg 2004; Telia e Pokrovski 2009; Baeza et al. 2010). Assim, as fracções de Sb e As associadas à matéria orgânica nos solos e sedimentos podem tornar-se móveis em condições adequadas de pH e força iónica.

Concentrações residuais

Foram encontradas concentrações significativas, e por vezes as mais elevadas, de Sb e As nas fracções residuais ou recalcitrantes. Hou et al. (2006) e He (2007) encontraram as concentrações mais elevadas de Sb, 27,2 a 43,0%, e 88,2 a 97,9%, respetivamente, associadas a fracções residuais. Do mesmo modo, Denys et al. (2008) verificaram que o Sb se encontrava predominantemente na fração residual. Baeza et al. (2010) também encontraram a maioria do Sb, 65,7 a 76,9%, e As, 80,3 a 85,6%, na fase residual, no entanto, neste estudo, esta fração incluiu fracções ligadas a óxidos de Mn e óxidos de Fe amorfos/cristalinos. Wang et al. (2011) encontraram 5,66 a 53,5% de Sb associado à fração residual. McLaren et al. (1998) encontraram cerca de 21% do As total na fração recalcitrante. Krysiak e Karczewska (2007) encontraram as concentrações mais elevadas de As na fração residual de duas amostras de solo retiradas de rejeitos de minas.

As fracções de Sb e As associadas a fases residuais ou recalcitrantes em sedimentos e solos são amplamente consideradas estáveis. Tighe e Lockwood 2007; Wilson et al. 2010). Embora as fracções de Sb e As associadas a esta fase possam ser elevadas em alguns estudos, verificou-se que as proporções relativas de Sb e As nesta fase dependem da fonte de Sb e As (Tighe e Lockwood 2007; Wilson et al. 2010). Por exemplo, as amostras de rejeitos mostraram fracções residuais mais elevadas de As do que as amostras mais mineralizadas (Wilson et al. 2010).

Libertação de Sb e As de sedimentos e solos

Mok e Wai (1990) estudaram a libertação de Sb e As de sedimentos contaminados retirados do rio Coeur d' Alene, no norte do Idaho. Nestas experiências de lixiviação, 60 g de sedimento foram equilibrados com 800 mL de água destilada desionizada e foram recolhidas amostras ao longo do tempo, durante cerca de 12 dias. Os investigadores indicaram que o pH variou pouco ao longo da escala de tempo, com um pH médio de cerca de 6,9. A espécie predominante de Sb libertada nas experiências de lixiviação foi o Sb(V), enquanto a espécie predominante de As libertada foi o As(III). A libertação de Sb(V) aumentou ao longo do tempo, passando de cerca de 50 ng Sb/g de sedimento no tempo 0 para quase 400 ng Sb/g de sedimento em cerca de 12 dias. A libertação de As ocorreu principalmente no período inicial de lixiviação (24 horas) e pareceu aproximar-se dos limites assintóticos, cerca de 175 ng de As/g de sedimento. Embora a concentração inicial de As no sedimento fosse mais elevada do que a de Sb, a libertação de Sb excedeu a de As em 50 horas e aumentou de forma constante ao longo do tempo.

Ashley et al. (2003) estudaram a dissolução de Sb e As de sedimentos de cursos de água contaminados. Nestas experiências, 100 g de sedimentos de ribeira triturados e contaminados foram equilibrados com água de ribeira "de fundo" contendo concentrações de fundo muito baixas de Sb e As em frascos sem tampa durante 32 dias. Os sedimentos de ribeira utilizados tinham concentrações de Sb e As que variavam entre níveis de fundo e níveis altamente contaminados. Os resultados mostraram que, à medida que a concentração inicial de sedimentos aumentava, a quantidade de Sb e As libertada também aumentava. Além disso, os rácios Sb/As em solução eram mais elevados do que nas amostras sólidas, indicando que o Sb era mais solúvel do que o As nas condições experimentais dadas.

Wilson et al. (2004b) realizaram três experiências para testar a mobilidade a curto prazo do Sb e do As. Testaram a dissolução de Sb e As a partir de amostras sólidas (areia cinzenta (não oxidada), areia castanha (oxidada) e resíduos grosseiros) recolhidas num local histórico de fundição de antimónio localizado na Nova Zelândia. Em condições aeróbias, a tendência na libertação de Sb mostrou uma libertação inicial elevada, atingindo um máximo de 25 mg/kg, e depois uma diminuição do Sb libertado ao longo do tempo, numa escala de dias. Ao comparar a areia oxidada com a não oxidada nestas condições, a libertação inicial de Sb foi semelhante, mas a areia não oxidada apresentou uma diminuição menor da libertação de Sb em períodos de tempo mais longos. Em condições anaeróbicas, apenas a areia oxidada foi testada. A areia oxidada libertou significativamente mais Sb em condições anaeróbias, atingindo um máximo de 90 pg/mg. No caso do As, em condições aeróbias, foi libertado menos As dos rejeitos grosseiros do que Sb, mantendo-se a libertação relativamente constante ao longo do tempo. A libertação de As dos rejeitos de areia não oxidada foi inicialmente de 411 mg/kg de As, tendo a concentração libertada aumentado ao longo do tempo para 800 mg/kg de As. Foram encontrados resultados semelhantes para a libertação de As em condições anaeróbias e na experiência com areia oxidada em condições aeróbias.

Johnson et al. (2005) efectuaram a caraterização da fase sólida e experiências de lixiviação em solos recolhidos de campos de tiro que estavam contaminados com Sb. A caraterização da fase sólida revelou que uma fração significativa de Sb estava associada a ferrihidritas amorfas. As experiências de lixiviação e dessorção em lote mostraram que o Sb móvel era Sb(V). Os resultados sugerem que, em amostras de solo com elevadas concentrações de Sb, a precipitação de antimonato de Ca pode afetar a solubilidade do Sb. Por outro lado, em amostras de solo com baixas concentrações de Sb, os processos de sorção podem controlar a solubilidade do Sb.Wang et al. (2011) realizaram experiências de lixiviação em seis amostras de sedimentos recolhidas nos rios Lianxi e Zijiang afectados pela contaminação por Sb da mina de Sb de Xikuangshan, na província de Hunan, China. As experiências de lixiviação foram efectuadas em condições aeróbias e anaeróbias e basearam-se nos métodos de Mok e Wai (1990) e Wilson et al. (2004). O pH do lixiviado foi relativamente estável durante as experiências, variando entre 7,0 e 7,6. A quantidade de Sb lixiviado aumentou com o aumento das concentrações de Sb nos sedimentos. O Sb(V) foi a forma predominante de Sb lixiviado, mas também se observou a libertação de

Sb(III). Comparando os sistemas oxigenados e anaeróbios, a libertação de Sb foi maior em condições anaeróbias.

Efeito do pH na libertação de Sb e As dos sedimentos

O pH é uma variável de controlo que tem um efeito significativo na solubilidade dos aniões. O antimónio e o As são solúveis a valores de pH baixos e elevados, o que é típico dos aniões em soluções aquosas (Mok e Wai 1990). Como tal, espera-se que o pH desempenhe

um papel na libertação de Sb e As de sedimentos de ribeiras contaminados. Os investigadores identificaram algumas tendências relativas ao efeito do pH na libertação destes metais de sedimentos e solos contaminados (Mok e Wai 1990; Johnson et al. 2005; Casado et al. 2007; Baeza 2009).

Mok e Wai (1990) estudaram a libertação de Sb e As de uma amostra de sedimento contaminado retirada do rio Coeur d' Alene em função do pH. Nesta experiência, 60 g de sedimento foram equilibrados com 800 mL de água destilada desionizada a valores de pH controlados, variando de 2,7 a 11,4. As amostras foram recolhidas às 40 horas. Os resultados mostraram que a libertação de Sb e As foi mais elevada a um pH baixo (pH 2,7), mas também significativamente elevada a um pH elevado (pH 11,4), típico da solubilidade aniónica em solução aquosa. A libertação mais baixa foi observada a um pH circoneutro.

Johnson et al. (2005) efectuaram experiências de dessorção em lote para estudar a dessorção de Sb de sedimentos finos com concentrações totais relativamente baixas de Sb em função do pH. Nestas experiências, o sedimento foi equilibrado com água numa relação líquido-sólido de 10 durante 48 horas. As experiências foram efectuadas a pHs na gama de 5 a 11. Os resultados mostraram que o Sb(V) foi dessorvido a um pH superior a 8, o que está de acordo com a literatura publicada relativamente à dependência do pH do Sb(V)

sorção a (hidróxidos) de Fe. Foi observada pouca ou nenhuma dessorção de Sb(III) na gama de pH de 5 a 11. Além disso, apenas 7% do Sb total foi dessorvido do sedimento, o que indica que o Sb não estava ligado de forma reversível às superfícies de óxido de Fe (hidrogénio) e pode ter sido ligado a outras superfícies minerais no sedimento.

Casado et al. (2007) afirma que a adsorção de Sb(V) em superfícies minerais é significativa em condições ácidas, mas é menos significativa à medida que o pH aumenta para condições básicas. Casado afirma ainda que, com base no seu comportamento de adsorção, o Sb(V) deve ser dessorvido em condições de pH básico e oxidante (Casado et al. 2007).

Baeza (2009) estudou a liberação de Sb e As de sedimentos contaminados de córregos em pHs variando de 6 a 8 através de experimentos em batelada. Nessas experiências, 0,275 g de sedimento foi equilibrado com 50 mL de solução, e as amostras foram recolhidas ao longo do tempo até 48 horas.

A libertação de antimónio aumentou ao longo do tempo nos pHs 6, 7 e 8. A libertação de antimónio foi semelhante em todos os pHs sob uma condição de força iónica mais baixa (10 mM NaCl), mas foi mais baixa a pH 7, com uma libertação mais elevada e semelhante a pH 6 e 8 sob uma condição de força iónica mais elevada (100 mM NaCl). A libertação de arsénio foi mais elevada a pH 8, com uma libertação inferior e semelhante observada a pHs 6 e 7.

Efeito da força iónica na libertação de Sb e As dos sedimentos

O efeito da força iónica na dessorção de aniões do sedimento depende do ponto de carga zero do sedimento e do facto de o anião ser adsorvido através de um mecanismo de adsorção específico (complexação na esfera interna) ou não específico (complexação na esfera externa) (Wilson et al.

2010). Alguns estudos observaram que a força iónica tem menos efeito na adsorção específica, ou complexação na esfera interna (Tighe et al. 2005, Sparks 2003). Ao considerar a complexação na esfera externa, o aumento da força iónica diminui a carga negativa da superfície a pH elevado, aumentando assim a adsorção, enquanto a adsorção diminui abaixo do ponto de carga zero porque o aumento da força iónica diminui o potencial eletrostático na superfície sólida (Wilson et al. 2010).

Com base nesta lógica, deduz-se que, com o aumento da força iónica e um pH elevado, a dessorção seria baixa, mas abaixo do ponto de carga zero, a dessorção seria aumentada.

Para alguns metais catiónicos, como o Cd, Hg, Pb e Zn, o cloreto diminuiu a retenção de metais nos solos (Lumsdon et al. 1995). Este facto foi atribuído à formação e estabilidade de complexos clorometálicos (Lumsdon et al. 1995). No entanto, para os elementos aniónicos, o efeito do cloreto na mobilidade não é claro (Chan 1999, Monabatti 1999).

Baeza (2009) estudou a libertação de Sb e As de sedimentos contaminados através de experiências em lote, tal como referido anteriormente. Estas experiências também tiveram em conta o efeito da força iónica na libertação de Sb e As. Os resultados indicaram que, em equilíbrio, a libertação de As era mais elevada com uma força iónica acrescida de 100 mM de NaCl em comparação com 10 mM de NaCl na gama de pH de 6 a 8.

No equilíbrio, a libertação de Sb foi semelhante com NaCl 10 e 100 mM na gama de pH de 6 a 8, com libertação semelhante nos pHs 6 e 8, e a libertação mais baixa no pH 7. O CaC12 foi comparado com o NaCl para determinar o efeito de diferentes electrólitos de fundo na libertação de Sb e As no pH 7. Tanto para o Sb como para o As, a libertação foi semelhante nos dois electrólitos de fundo.

Huang et al. (1988) estudaram a distribuição e o comportamento do As no estuário de Huang He. Observaram que, na interface água doce - água salgada, o aumento da força iónica aumentava a dessorção de As da matéria em suspensão devido à competição entre o As e os principais catiões da água do mar e/ou à diminuição da carga eléctrica nas superfícies das partículas (Huang et al. 1988).

Chan (1999) estudou a sorção e a dessorção de As de sedimentos contaminados recolhidos no lago Moira, no leste de Ontário, Canadá, sob concentrações de cloreto de 0 a 1.500 mg/L. As experiências de dessorção mostraram que o cloreto aumentou a dessorção de As dos sedimentos contaminados (Chan 1999). Embora a deslocação global de As fosse baixa, ocorreu uma maior deslocação de As na presença de cloreto do que na ausência de cloreto (Chan 1999).

Monabatti (1999) estudou o efeito da salinidade na troca de As entre sedimentos e água. Através de experiências de sorção em lote, demonstrou que o aumento da salinidade reduziu a sorção de As em sedimentos contaminados. Não forneceu qualquer explicação mecanicista para a redução da sorção de As, mas colocou a hipótese de que se devia à competição entre o Cl e o As por sítios de ligação à superfície com carga positiva nos óxidos minerais.

Efeito das condições redox na libertação de Sb e As dos sedimentos

O antimónio e o As são altamente sensíveis às condições de oxidação-redução (redox) (Masscheleyn et al. 1991) e, como tal, espera-se que as condições redox na zona hiporreica tenham um efeito significativo na mobilidade do Sb e do As nos sistemas fluviais. As condições redox controlam o estado de oxidação do Sb e do As. Subsequentemente, o estado de oxidação de ambos os metais controla a sua reatividade, toxicidade, mobilidade e transporte.

Na maioria dos sistemas ambientais, o Sb existe no estado de oxidação (III) ou (V). O Sb(V) é o estado de oxidação predominante do Sb em todos os sistemas aquosos óxicos estudados até à data, enquanto o Sb(III) domina em sistemas anóxicos (Filella et al. 2002b; Johnson et al. 2005), o que está de acordo com os dados termodinâmicos disponíveis. O Sb(V) deve prevalecer sob a forma de Sb(OH)6-em condições óxicas na solução do solo a valores de pH superiores a 2,5.

A valores de pH baixos, espera-se que as espécies aniónicas de hidrólise se fixem nos óxidos de Fe e sejam, portanto, relativamente imóveis; no entanto, acima do ponto de carga zero dos óxidos de Fe, na gama de pH neutro a básico, espera-se que as espécies aniónicas de hidrólise se tornem móveis. O Sb(III) é a espécie de Sb dominante nas águas anóxicas e nas águas de poros. Prevê-se que o Sb(OH)3 seja a espécie mais estável nas soluções do solo em condições redutoras e sabe-se que se adsorve aos óxidos de Fe em toda a escala de pH, pelo que deverá ter baixa mobilidade nos solos. Outros investigadores observaram também que o Sb(OH)6 é a forma mais dominante de Sb(V) na maioria dos valores de pH relevantes para o ambiente e que o Sb(OH)30 é o Sb(III) mais dominante nos sistemas Sb-água (Wilson et al. 2010).

No entanto, devido à carga neutra do Sb(OH)30, é provável que seja mais móvel do que o Sb(V) porque tem menos afinidade para fases sólidas carregadas no solo, como minerais de argila ou oxihidróxidos (Wilson et al. 2010). Nos solos, o As (V) e o As (III) são os estados de oxidação primários do As. Nos valores de pH mais relevantes para o ambiente (4-9), H2AsO4- e HAsO4-2 são as formas predominantes de As no sistema As-água. A espécie de As (III) mais predominante é a espécie neutra As(OH)3. Tal como o Sb, espera-se que esta espécie seja mais móvel do que a espécie predominante As(V) devido à sua carga neutra (Wilson et al. 2010).

Masscheleyn et al. (1991) estudaram o efeito do potencial redox na especiação e solubilidade do arsénio em solo contaminado recolhido de uma cuba de imersão de As abandonada perto de Kolin, Louisiana. Foram realizadas experiências em lotes em condições variáveis de pH-redox, com cerca de 200 g de solo contaminado e água destilada desionizada numa relação solo:água de 1:6. As condições redox investigadas foram -200, 0, 200 e 500 mV. As amostras foram recolhidas ao fim de 24 dias. Os resultados mostraram que o As(V) era a principal espécie de As dissolvido em potenciais redox de 200 e 500 mV, e representava mais de 95% do As solúvel total. Em condições reduzidas de potenciais redox de 0 e -200 mV, o As(III) foi a espécie dominante de As dissolvido.

As concentrações de As solúvel total foram mais elevadas em condições de redução de 0 e -200 mV. Chen et al. (2003) estudaram a distribuição e a diagénese precoce do Sb nos sedimentos e nas águas de poros de dois lagos de água doce. Verificou-se que o Sb(III) existe nas águas de poros em condições redutoras. As condições anóxicas da água dos poros conduzem à dissolução de oxi-hidróxidos de manganês e de ferro, que subsequentemente conduzem a um aumento das concentrações de Sb dissolvido que foram previamente absorvidas por esses precipitados. O Sb(V) foi detectado em condições óxicas e ligeiramente redutoras, o que se deveu provavelmente à oxidação de oxi-hidróxidos de Fe e Mn e à redução do sulfureto dissolvido.

Os diagramas Eh(pe)-pH para Sb e As foram desenvolvidos por vários investigadores (Pitman et al. 1957; Vink 1996; Filella et al. 2002b, Wilson et al. 2010). Estes diagramas dão uma ideia da existência de espécies, da predominância de espécies em condições variáveis de redox e pH, e da solubilidade das espécies em condições de equilíbrio (Vink 1996; Wilson et al. 2010). Com base na solubilidade do Sb e do As, alguns investigadores afirmaram que os processos de sorção devem desempenhar um papel mais importante na previsão da mobilidade ambiental, em comparação com as reacções de precipitação (Wilson et al. 2010). Como tal, pode ser prudente discutir algumas conclusões gerais que os investigadores tiraram com base em diagramas Eh(pe)-pH. É importante ter em conta que estes diagramas são frequentemente limitados pela disponibilidade de dados termodinâmicos e pelo número de elementos e espécies incluídos (Wilson et al. 2010).

Vink (1996) desenvolveu um diagrama Eh-pH para o sistema Sb-O-H-S. As principais conclusões foram que o SbO3-(aq) ocupou um amplo campo no diagrama Eh-pH, o que indicaria alta mobilidade do Sb sob condições oxidantes, em toda a escala de pH (Vink 1996). A senarmontite e a valentinite (Sb2O4) também ocuparam um amplo campo na escala de pH, em ambientes que eram moderadamente redutores a moderadamente oxidantes (Vink 1996).

Quando considerado em cálculos de equilíbrio, o antimonato solúvel (Sb(OH)6-) ocupa um grande campo no espaço Eh-pH (Filella et al. 2002b). De acordo com Kang et al. (2002) e Filella et al. (2002b), o Sb(OH) 6- é frequentemente representado como SbO3-. Em consideração a esta afirmação, os diagramas Eh-pH de Pitman et al. (1957) e Vink (1996) também indicam que o Sb(OH)6- ocupa um grande campo no campo Eh-pH.Filella et al. (2002b) adaptaram os diagramas Eh-pH de outros investigadores para examinar o Sb-SH2O em concentrações ambientalmente relevantes de Sb e S. Este diagrama Eh-pH prevê a presença de Sb(OH)6- solúvel em condições óxicas e Sb(OH)3 em condições anóxicas a valores de pH circum-neutros. Prevê-se que a estibinite sólida (Sb2S3) se forme em condições de redução e de pH baixo a intermédio. Em condições de redução e pH elevado, o Sb2S3 é substituído por SbS2 Wilson et al. (2010) apresentam um diagrama Eh-pH para um sistema As-O-H. Prevê-se que o As existirá como As(V) em condições de oxidação. Quando as condições são moderadamente redutoras e em toda a escala de pH, o As existirá como a espécie neutra As(OH)3. Quando o Fe é considerado no sistema, espera-se que o As co-precipite com oxi-hidróxidos de Fe (Mok e Wai 1990; Wilson et al. 2010). Quando o S está presente com concentrações aumentadas de As em condições redutoras, espera-se que os sulfuretos de As(III), incluindo arsenopisite, orpiment ou realgar, sejam mais estáveis, enquanto os sulfuretos de Fe eliminam o As em concentrações mais baixas de As (Wilson et al.

2010).

Modelação da libertação de Sb e As de sedimentos e solos

Frau et al. (2008) realizaram experiências de dessorção em três amostras sólidas e naturais recolhidas de uma área de mina inativa na presença de 6 electrólitos de fundo diferentes. Além disso, a caraterização das amostras sólidas foi realizada através da análise de difração de raios X (XRD) para a composição mineralógica e um procedimento de extração selectiva sequencial de seis passos de Londesborough et al. (1998), que examinou a associação do As a seis fracções químicas (isto é, fracções permutáveis/solúveis, carbonáticas, facilmente redutíveis, moderadamente redutíveis, sulfídicas/orgânicas e residuais). Através destas análises, determinaram que o As estava principalmente associado à fração de Fe nas amostras. Os investigadores modelaram então a dessorção de arseniato das amostras sólidas em

PHREEQC, utilizando a ferrihidrite como a principal fase portadora de As. A dessorção foi modelada com o modelo de dupla camada difusa de Dzombak e Morel (1990), também conhecido como Modelo Generalizado de Duas Camadas (GTLM). Os investigadores conseguiram simular bastante bem a dessorção de As, mas tiveram de modificar a densidade de sítios HFO (óxido férrico hidratado) para uma das três amostras.

Indicaram que esta era uma modificação razoável, considerando que algum As pode ter sido incorporado na estrutura do HFO através de co-precipitação ou absorção em massa. As simulações de modelos não foram exactas quando não se consideraram as complexações de superfície de carbonato, o que demonstrou que estas complexações desempenharam um papel importante na dessorção de As. Os resultados também indicaram falta de fiabilidade nas constantes de adsorção de SO4 2- com base na subestimação ou sobreestimação da dessorção de

As em várias simulações de modelos.

Lumsdon et al. (2001) investigaram a utilização da caraterização da fase sólida para avaliar o comportamento do As em solos contaminados. A caraterização da fase sólida de amostras de solo contaminado foi efectuada por análise de difração de raios X (DRX) e através de um procedimento de extração química numa única etapa, em que o oxalato ácido (pH 3) foi adicionado à amostra de solo, agitado durante 4 horas num ambiente escuro e depois centrifugado, filtrado e analisado. Os investigadores modelaram então o comportamento do As utilizando dois processos básicos de solubilidade e adsorção/dessorção de As, individualmente.

Primeiro, a solubilidade da fonte de As (arsenopirite) foi modelada, utilizando dados de solubilidade de equilíbrio da literatura e assumindo que o As estava em equilíbrio com as fases sólidas mais importantes do sistema, incluindo vários compostos de As, Fe, S e Ca. Os cálculos foram efectuados para uma gama de condições de pH e redox. As simulações de modelação da solubilidade indicaram que a solubilidade do As dependia do pH e das condições redox. Em condições de oxidação, as simulações de modelos mostraram que a arsenopirite se tornaria instável, produzindo óxido de Fe e libertando As dissolvido. Em condições de redução, as simulações de modelos mostraram que a arsenopirite seria estável, limitando a mobilidade do As. A adsorção/dessorção de As nas fases sólidas foi modelada utilizando o GTLM e as constantes de equilíbrio retiradas de Dzombak e Morel (1990). Assumiu-se, com base na caraterização da fase sólida, que o HFO era o adsorvente dominante de As nas amostras de solo. Os resultados da modelização da adsorção/dessorção sugeriram que a adsorção de As seria maior em valores de pH baixos e, por conseguinte, tornar-se-ia cada vez mais móvel em condições de pH alcalino crescente, especialmente em valores de pH superiores a 8. A dessorção do arsénio foi sensível à relação entre a concentração de As e os locais de adsorção na superfície.

Johnson et al. (2005) modelaram a dessorção de Sb(V) de amostras de solo contaminado utilizando o programa de computador MQV40TIT, que efectua cálculos termodinâmicos e se baseia no programa MICROQL. Na sua modelação, assumiram que o HFO era o principal adsorvente de Sb. Utilizaram constantes de complexação de superfície de Dzombak e Morel (1990) e fizeram outras suposições relativamente às propriedades do HFO (Johnson et al. 2005). Os resultados do modelo de dessorção subestimaram as concentrações aquosas experimentais de Sb na faixa de pH de 4 a 6, e superestimaram as concentrações de Sb na faixa de pH de 7 a 10. Os investigadores afirmaram que, devido às numerosas suposições feitas em relação às propriedades do HFO, o modelo e as curvas de dessorção experimentais estavam em bom acordo (Johnson et al. 2005).

Postma et al. (2007) criaram um modelo de transporte reativo unidimensional PHREEQC para estimar zonações redox, condições químicas da água (i.e. pH, alcalinidade, pe CH4, e índices de saturação de siderite e calcite), e concentrações nas águas subterrâneas de vários elementos e compostos (i.e. As(III), As(V), Ca, 02, NO3, Fe2+, SO4, CH4) numa coluna vertical de um aquífero arenoso. A especiação do arsénio foi simulada através da incorporação de processos de complexação superficial no modelo de transporte reativo. O modelo incorporou uma taxa de transporte de água descendente de 0,5 m/ano e simulou um período de 40 anos. A dispersão não foi simulada no modelo porque os dados de campo não mostraram qualquer efeito significativo da dispersão na composição da água. A parte de zonação redox do modelo teve em conta a degradação da matéria orgânica e o seu efeito na redução do óxido de Fe. Uma vez que o As(V) foi incluído como um constituinte da fase de óxido de Fe, a redução do óxido de Fe pela matéria orgânica sedimentar levou a um aumento, ou libertação, das concentrações de As a uma profundidade inferior a -5m. Assim, o processo de redução do óxido de Fe foi o principal mecanismo que controlou a libertação de As na coluna aquífera. Além disso, a sorção de As em óxidos de Fe foi também um processo importante que afectou a distribuição de As nas águas subterrâneas. As concentrações de As (III) e As(V) foram bem previstas pelo modelo de transporte reativo em todas as profundidades simuladas.

CAPÍTULO 4

Possível mecanismo biológico de remoção de arsénio e família da dimetilsulfóxido (DMSO) redutase

A remoção do arsénio é possível através da oxidação do ferro, que pode ser realizada por oxidação química ou por oxidação bacteriana (Lehimas *et al.*, 2001; Xien *et al.*, 2014). A oxidação biológica do arsénio utilizando bactérias oxidantes de ferro é muito mais rápida do que a oxidação química (Ahmed, 2003; Yamamura e Amachi, 2014). Foi estudado que a remoção de arsénio da água foi reduzida para menos de 50mg/L de As a partir de uma concentração inicial de 400mg/L utilizando a estirpe bacteriana biológica oxidante de ferro *Gallionella ferruginea* e *Leptothrix ochracea* (Lehimas *et al.*, 2001; Katsoyiannis e Zouboulis 2002,2004 e 2006). O ferro é oxidado química ou biologicamente, o que, por sua vez, provoca a adsorção de arsénio, desempenhando assim um papel importante na remoção do arsénio (Katsoyiannis *et al.*, 2004 e 2008; Zhu *et al.*, 2014).

A remoção de arsénio de águas contaminadas com arsénio durante a oxidação biológica utilizando meios revestidos com ferro foi estudada por Lehimas, *et al.*, (2001) e Zouboulis *et al.*, 2005; Katsoyiannis e Zouboulis 2006). O meio filtrante revestido com óxido de ferro, juntamente com as bactérias, provocou a oxidação do arsenito.

$$X\text{-}FeOH + H_3AsO_3 \rightarrow X\text{-}Fe\text{-}H_2AsO_3 + H_2O$$

(Sorção do arsénio no ferro e X é um meio)

$$H_3AsO_3 + 1\ 2O_2 \rightarrow H_3AsO_4$$

(oxidação microbiana)

O método de coagulação, utilizando coagulantes poliméricos, também foi estudado para a remoção do arsénio (Fan *et al.*, 2003). O mecanismo biológico de remoção do arsénio (oxidação do arsenito) é possível devido à presença da enzima arsenito oxidase, que foi encontrada em *Alcaligenes faecalis* (Ellis *et al.*, 2001). A presença da enzima em *Rhizobium sp. estirpe NT-26* e *Hydrogenophaga sp. estirpe NT-14* foi demonstrada por Santini e vanden Hoven (2004). A enzima (arsenito oxidase) é um membro da família das enzimas molibdénio redutase do dimetilsulfóxido (DMSO) com duas subunidades AoxB (90 kDa e AoxA

(>14 kDa) (Kisker *et al.*, 1997; McEwan *et al.*, 2002; Zargar *et al.*, 2012; Ghanshyam *et al.*, 2016). O AoxB contém o átomo de molibdénio (Mo) ligado a dois cofactores de piranopterina e o AoxA tem a sequência líder TAT (Ellis *et al.*, 2001; Anderson *et al.*, 1992; Oremland *et al.*, 2004). Os genes que codificam a arsenito-oxidase foram identificados em diferentes classes de bactérias, como o aoxA/aoxB, encontrado em *Agrobacterium tumefaciens* e *Cenibacterium arsenoxidans estirpe ULPAsl* (Muller *et al.*, 2003; Kashyap *et al.*, 2006). A *estirpe NT-26 de Rhizobium sp.* possui aroB/aroA (Santini e vanden Hoven 2004) e um operão RSABC aox foi encontrado em *A. tumefaciens* (Kashyap *et al.*, 2006). Vale a pena mencionar que as bactérias desempenham um papel crucial no ciclo do arsénio por oxidação e mobilidade (Smedley *et al.*, 2002; Smedley *et al.*, 2005a), tanto a oxidação como a redução do arsénio no ambiente por micróbios são mecanismos de desintoxicação (Silver e Phung, 2005). As bactérias que respiram o arsénio, como *Geospirillum arsenophilus, Desulfutomaculum auripigmentum e Bacillus arsenicoselenatis*, utilizam o As (V) como acetor terminal de electrões (Oremland e Stolz, 2004). A oxidação biológica do arsénio (bactérias oxidantes de ferro) tem sido estudada como um método alternativo ao método químico (Santini *et al.*, 2002).

Gallionella ferruginea e Leptothrix ochracea são duas bactérias oxidantes de ferro promissoras que podem ser utilizadas para a remoção eficaz de arsénio de águas contaminadas (Katsoyiannis *et al.,* 2008). Produtos químicos como o ozono, H2O2 ou KMNO4 têm sido utilizados na oxidação do arsénio (Kim e Nriangu, 2000; Bemstam e Nriagu, 2000; Ahmed, 2003; Fabienne *et al.*, 2011 e Prasad, *et al.*, 2014).

Microrganismos oxidantes de arsenito

A oxidação do arsénio As (III) por microrganismos é um potencial processo de desintoxicação que permite aos microrganismos tolerar níveis mais elevados de As (III) (Cai *et al.*, 2009). O As (III) pode servir como dador de electrões para a respiração microbiana em combinação com O2 em ambientes anóxicos e óxicos (Cai *et al.*, 2009; Luo *et al.*, 2013; Dong *et al.*, 2014). Os microrganismos *Alcaligenes faecalis, Hydrogenophaga* sp., *A. ferrooxidans, T. aquaticus, T. thermophiles* são conhecidos pela oxidação de arsenito (Gihring *et al.*, 2001; Oremland e Stolz, 2004). A transformação do As (III) em As (V) por meio de microrganismos tem por objetivo reduzir a mobilidade do As no ambiente, uma vez que a afinidade do As (V) com os sólidos minerais é geralmente superior à do As (III) (Smedley e Kinniburgh, 2002). Remoção de As (III)

de águas contaminadas com arsénio utilizando bactérias (oxidação microbiana) foi proposta por vários investigadores (Inskeep *et al.*, 2007; Ito *et al.*, 2012; Cavalca *et al.*, 2013; Duan *et al.*, 2013). A imobilização do arsénio pode ser reforçada pela oxidação microbiana simultânea de Fe (II) e As (III) e é considerada como uma potencial alternativa de biorremediação para o arsénio em ambientes anóxicos. Formação de hidróxidos de Fe (III), que adsorvem As (V) formado a partir da oxidação de As (III) (Sun, 2004). Até à data, não foram realizados muitos trabalhos para remover o arsénio de águas contaminadas através de métodos biológicos. Foi demonstrado que microrganismos como *Thiobacillus ferrooxidans, Lepto spirillum ferrooxdans* (Das *et al.*, 2013) e fungos como *Scopulariopsis previcaulus, Penicillum sp., Gliocladium roseum* e a levedura *Candida humicola* (Pokhrel e Viraraghavan, 2006) oxidam o As (III) para uma forma menos tóxica de As (V). A oxidação do ferro por microrganismos como *Gallionella ferruginea* e *Leptothrixo chracea* tem sido utilizada eficazmente para a remoção do arsénio das águas através da oxidação do As (III). Foi demonstrado que aumenta a remoção de arsénio até 95% a partir de 200 pg/L de água contaminada com As. O As (V) também é removido da mesma forma que a mencionada acima e, portanto, traz o limite de As para dentro dos limites permitidos (Katsoyiannis e Zouboulis,

2004). A metilação por certos microrganismos como bactérias, Archea e fungos é uma estratégia eficaz de desintoxicação do arsénio. A produção de monometilarsónico (MMA) ou de ácido dimetilarsínico (DMA) reage com o arsénio e torna-o menos tóxico (Paul *et al.,* 2014). A composição do solo, o pH e os ambientes redox desempenham um papel importante na oxidação do As (III) em As (V) e vice-versa. Os micróbios e o pH do ambiente afectam a especiação do arsénio. O mecanismo exato da oxidação do arsenito pelos micróbios para a remoção do arsénio das águas contaminadas ainda não é bem compreendido. O estudo do 16S rDNA e do gene cromossómico *ars* utilizando a PCR será útil para confirmar as sequências do gene *ars* nos micróbios. Em *Pseudomonas aeruginosa,* o operão de desintoxicação *ars* possui três ORF que codificam proteínas muito semelhantes ao operão *ars* de *E. coli (arsR, arsC* e *arsB).* A sequência do gene *arsB* codifica a presença de um sistema de bomba de efluxo. A geomicrobiologia molecular das bactérias oxidantes de arsenito pode ser aplicada na bioremediação de águas contaminadas com arsénio. O homólogo cromossómico do operão *ars* em *Pseudomonas aeruginosa* não estava presente em diferentes estirpes de *Pseudomonas*, por exemplo, o operão *ars* em *Pseudomonas putida* nem sempre era o mesmo que o de Pseudomonas *aeruginosa sp.* apesar de as estirpes pertencerem ao mesmo género. Por conseguinte, a versatilidade deve ser tida em consideração quando se observa o operão *ars* ao utilizar a PCR.

Sequestro microbiano intracelular e extracelular

A via de absorção de As em microrganismos não é bem compreendida em termos de papel metabólico ou nutricional (substância ou matéria absorvida por um organismo vivo) no citoplasma celular (Tsai *et al.*, 2009; Vishnoi *et al.*, 2014; Phitthaya *et al.*, 2017). Os sistemas de transporte existentes, como o transporte de fosfato para o As (V), devido à estrutura semelhante, causam a entrada de arsénio nas células (Tsai *et al.*, 2009). O pH fisiológico geralmente apresenta o As (III) como não carregado e, portanto, o transportador de aqua porina pode ser responsável pela entrada de arsenito nas células. Por conseguinte, os microrganismos utilizam diferentes formas de desintoxicar o arsénio, quer excluindo o As quer ligando-o às células. A matriz (substância polimérica extracelular) na superfície da célula actua como peneira molecular, sequestrando catiões e aniões da fase aquosa (Flemming e Wingender, 2010). As regiões apolares, os grupos com ligações H, os grupos aniónicos (proteínas) e os catiões (aminoácidos) da substância polimérica extracelular ajudam a reter metais e nanopartículas. Os metais pesados (Cd^{2} , Ni^{2+} e $Zn^{2+)}$) ligam-se à parede celular dos microrganismos. Assim, os micróbios têm uma interação intra e extracelular com o arsénio (Flemming e Wingender, 2010).

Transformação microbiana do arsénio

O mecanismo e a base fisiológica da transformação do arsénio foram estudados por muitos autores (Mukhopadhyay *et al.*, 2002; Oremland *et al.*, 2004; Silver e Phung 2005; Liao, *et al.*, 2013; Larni, *et al.*, 2013). A oxidação, redução, metilação e desmetilação microbianas causam a maior transformação do arsénio no ambiente (Ghanshyam *et al.*, 2016). A mobilidade do arsénio no ambiente em ordem ascendente é metil As (III) > metil As (V) > As (III) > As (V), enquanto a toxicidade do arsénio como metil As (III) > As (III) > As (V) > metil As (V) e a absorção de arsénio pelas plantas como As (III) > mono metil As (V) > dimetil As (V) (Petrick *et al*, 2000; Abedin *et al.*, 2002; Lafferty e Loeppert 2005; Wu, *et al.*, 2014).

A transformação do arsénio é geralmente biótica (Meng *et al.*, 2004) e a transformação abiótica é mais lenta e menos importante do que a oxidação e redução microbianas (Ahmann *et al.*, 1997; Lami *et al.*, 2013; Jean *et al.*, 2014). Foi estudado que a redução de As (V) é cineticamente muito mais elevada pela *estirpe OREX-4 de Desulfo tomaculumauri pigmentum* do que a redução por sulfureto (Newman *et al.*, 1997a). *O Thermus aquaticus e o Thermus thermophilus* oxidam o As (III) 100 vezes mais rapidamente do que os controlos abióticos em As (V) (Gihring *et al.*, 2001). Os vários géneros responsáveis pela oxidação e redução do arsenito são enumerados no Quadro 1.

Quadro-1: Bactérias oxidantes e redutoras de arsenito

S.No	Microorganism	Oxidation/Reduction	Reference	Source
1	*Alcaligenes faecalis*	Arsenic Oxidation	Anderson *et al.*, 1992	ATCC
2	*Bacillus arsenicus*	Arsenic Oxidation	Shivaji *et al.*, 2006	Air
3	*Bacillus indicus*	Arsenic Oxidation	Suresh *et al.*, 2004a	Sand
4	*Pseudomonas aeruginosa*	Arsenic Oxidation	Vicente *et al.*, 1990	Aquifer
5	*Bacillus subtilis*	Arsenic Oxidation	Sato & Kobayashi 1998	Stock center USA
6	*Bacillu sarsenico selenatis*	Arsenic Oxidation	Switzer Blum *et al.*,1998	Lake
7	*Alcaligenes,*	Arsenic Oxidation	Osborne & Enrilch, 1976	Soil

Metilação do arsénio por bactérias

Só em 1971 é que foi demonstrada a metilação do arsénio por bactérias. A primeira observação da síntese de alquilararsina foi feita em Methanobacterium bryantii. A mistura de reação contendo extractos celulares e células inteiras de M. bryantii, hidrogénio, ATP, arsenato e metilcobalamina, reduziu e metilou o arsenato a dimetilarsina em condições anaeróbias. Verificou-se que o ATP e o hidrogénio são essenciais. A metilcobalamina, mas não o dador habitual, S-adenosil-metionina (AdoMet), foi o dador de metilo de eleição (McBride e Wolfe, 1971). Pensa-se que a bio-metilação do arsénio pela metilcobalamina ocorre em organismos anaeróbios. O metabolismo do arsénio foi estudado em cinco bactérias (Proteus sp., Escherichia coli, Flavobacterium sp., Corynebacterium sp. e Pseudomonas sp.) cultivadas na presença de arsenato de sódio. As cinco bactérias transformaram o arsenato em arsenito e produziram dimetilarsina. A Pseudomonas sp. formou as três arsinas metiladas (Shariatpanahi et al., 1981). Após uma exposição de 48 horas a 10 e 100 mg/L de arseniato, as cinco espécies apresentaram uma acumulação média de 3,0 e 25 □ g/g de arsénio total, respetivamente. A maior parte do arsénio acumulado pelas células foi encontrada numa fração proteica (Shariatpanahi et al., 1982). Verificou-se que as bactérias Flavobacterium sp., Pseudomonas sp. e outras cinco espécies (Achromobacter sp., Aeromonas sp., Alcaligenes sp., Enterobacter sp. e Nocardia sp.) convertiam o arsenato em metilarsonato, produzindo depois mono e dimetilarsina. Apenas Aeromonas sp. e Nocardia sp. produziram trimetilarsina a partir de metilarsonato. A metilação e a desmetilação ocorreram nas bactérias. Nocardia sp. foi a única bactéria que formou todos os metabolitos de arsenato, incluindo três metilarsinas a partir de metilarsonato como substrato. Três bactérias tolerantes ao arsénio (Klebsiella oxytoca, Xanthomonas sp. e Pseudomonas putida), isoladas de uma cultura contaminada da alga Chlorella sp. (Maeda et al., 1990), podiam tolerar arsénio até 1000 mg de arsénio/L. A maior parte do arsénio presente nas células, e o excretado, era inorgânico. As células também continham espécies trimetilarsénicas não voláteis e excretavam compostos mono, di e trimetilarsénicos (MMA, DMA e TMA).

Metilação do arsénio por Animlas

A análise dos compostos de arsénio na urina após a administração de arseniato ou arsenito a animais ou seres humanos indicou que estas espécies de arsénio são biotransformadas por metilação na maioria dos mamíferos. Na urina e nas fezes de animais e seres humanos expostos ao arsénio inorgânico, o metabolito predominante é o dimetilarsinato (DMA). Na urina são excretadas quantidades menores de metilarsonato (MMA), arseniato e arsenito. A disponibilidade de dadores de grupos metilo afecta a capacidade de metilação do arsénio in vivo (Marafante e Vahter, 1984). A AdoMet foi o dador provável do grupo metilo para a metilação oxidativa do arsénio. In vitro, a produção de metilarsonato a partir de arsenito por extractos de células não dependeu da adição de AdoMet exógeno ao sistema de ensaio. No entanto, a adição de 0,1 mM de AdoMet maximizou a produção de dimetilarsinato. Apesar da ubiquidade da metilação do arsénico, sabe-se agora que alguns animais não bioetilam o arsénico. Estes incluem vários macacos (saguim, esquilo e tamarindo), chimpanzés e porquinhos-da-índia. Vahter et al. observaram que o saguim não metilava o arsenito (Vahter et al., 1982). Trabalhos de investigação posteriores mostraram que a ratazana, o hamster, o coelho, o pombo e muitos outros animais do Velho Mundo tinham actividades de metiltransferase do arsenito e do MMA nos seus fígados, ao passo que os animais do Novo Mundo, como o saguim, o mico, o macaco esquilo e a cobaia, eram deficientes nestas enzimas. O chimpanzé é o único animal do Velho Mundo encontrado até agora que não parece metilar o arsénio inorgânico (Vahter et al., 1995). Esta peculiaridade bioquímica da ausência de arsénio metiltransferases pode ter sido evolutivamente benéfica para os animais nativos de certas regiões, como a América do Sul, onde a doença de Chagas (doença tripanossómica, causada pelo Trypanosoma cruzi) era endémica. Uma vez que os níveis de arsenito no sangue e no fígado eram suficientemente elevados para matar o T. cruzi, os animais com deficiência ou ausência total de arsenito metiltransferase podiam acumular arsenito adequado e, assim, sobreviver seletivamente.

Arsenito redutase e oxidase Enzimas

Os genes da arsenato redutase estão presentes no operão ars nas bactérias e na família ACR nas leveduras e conferem resistência ao arsénio nos microrganismos (secção 1.3.3.1.). As arsenato-redutases de E. coli e S. aureus utilizam a glutaredoxina e a tioredoxina, respetivamente, como redutores, em vez de GSH, que se postula normalmente que desempenha um papel na bio-metilação. arsC codifica a arsenato-redutase que reduz o arsenato nas células a arsenito, que é depois transportado das células através de uma bomba dependente de ATP (ArsA-ArsB). A atividade ATPase da proteína Ars A é activada pelo arsenito mas não pelo arsenato (Silver et al., 1993), pelo que a redução do arsenato é o passo inicial. Uma vez que o arsenito é removido das células, a redução do arsenato faz parte de um mecanismo de desintoxicação nos sistemas bacterianos, tal como na levedura. Na levedura S. cerevisiae, o gene ACR2 codifica uma arsenato redutase. Uma arsenato redutase foi parcialmente purificada a partir de fígado humano por cromatografia DEAE-Sephacel e Sephacryl-200, com uma atividade específica de 0,9 unidades/mg de proteína (Radabaugh e Aposhian, 2000). A sua massa molecular é de 71,8 kD. A arsenato redutase necessita de um tiol e de um cofator estável ao calor para a sua atividade. A necessidade de tiol pode ser satisfeita por ditióis como o ditiotreitol (DTT), mas não por glutatião, tioredoxina ou ácido lipóico reduzido nas condições da experiência. A natureza do cofator estável ao calor não está ainda estabelecida. Este cofator tem menos de 3kD, mas não é um catião divalente quelatável por EDTA (Zn2+, Cu2+, Ca2+, Mn2+ ou Mg2+).

Metabolismo do arsénio

O arsénio pode entrar no corpo humano através da ingestão de água impura e pode atuar como um impedimento para garantir a saúde. Assim, o arsénio é vulnerável à saúde humana e pode também causar cancro. Este problema está a tornar-se um problema de saúde significativo em todo o mundo. De acordo com um estudo exaustivo atualmente realizado pela associação de todo o genoma, foram identificadas diferenças genéticas específicas relacionadas com a vulnerabilidade à formação de lesões cutâneas. Foi também descoberto que o metabolismo do arsénico difere em cada indivíduo Foram desenvolvidos diferentes métodos que podem beneficiar os mamíferos na desintoxicação do AS inorgânico. Embora numerosos organismos possuam a capacidade de transformar o As inorgânico em arsénio orgânico, as arsenito metiltransferases hepáticas estão ausentes ou são deficientes em certos mamíferos, como o chimpanzé, a cobaia, o macaco saguim e vários macacos sul-americanos. Os vários tecidos que prevalecem no processo de metilação das enzimas são de natureza diversa. No caso do rato, os testículos são a parte mais ativa em comparação com os rins, os pulmões e o fígado. Por conseguinte, isto mostra que o processo de metilação do AsIII inorgânico não depende apenas do fígado, como se pensava no passado. A aplicação do produto formado pela reação de um ião metálico DIMAVAL (ácido 2, 3-dimercapto-1-propanossulfónico) em 24 indivíduos no Chile teve um papel significativo na alteração da excreção de DMA e MMA na urina. Assim, a urina foi afetada pela utilização do produto químico. Antes do DIMAVAL, a excreção de MMA representava 14%, mas o MMA aumentou para 42% da excreção total de As após a administração oral. Os investigadores também discutiram as diferenças no metabolismo do As encontradas nos seres humanos devido ao facto de todos os grupos de seres humanos estarem conscientes da metilação do As inorgânico. Deve ter-se em consideração que os padrões de compostos orgânicos de As na urina diferem substancialmente de um indivíduo para outro. Por exemplo, um pequeno número de mulheres nos Andes argentinos excretam uma pequena quantidade de MMA na urina. A metilação tem um significado imenso em relação aos fenómenos do metabolismo do As, reacções de metilação que consistem em interações, selénio e inibidores, o que encorajou a discussão das interações do As nos estudos. Isto é significativo porque o As e o selénio diferem em numerosos sistemas biológicos. Além disso, muitos investigadores não consideram as diferentes formas predominantes de os mamíferos se envolverem no processo de metilação e ignoram as interações e relações multifacetadas destas formas. A investigação mostra que foram observadas diferentes respostas humanas à exposição ao As na América do Sul. As diferenças nas respostas humanas quando expostas ao As têm vindo a aumentar com o passar do tempo e podem exigir novas técnicas e diferentes abordagens de análise. Uma técnica importante é a utilização de abordagens farmacocinéticas (PK) nas quais se baseia a ingestão de As (V), As (III), DMA, MMA e qualquer combinação destas quatro substâncias no corpo humano. Estas abordagens são utilizadas para iluminar os tecidos das espécies de As que funcionam de acordo com a alteração da dose e do tempo. A abordagem PK foi utilizada como modelo para testar um sistema mediado por receptores para o As inorgânico. Além disso, os investigadores concentraram-se em examinar o significado potencial da complexidade e das diferenças na toxicologia do As. Há que ter em conta que os estudos típicos de biologia molecular e bioquímica sobre a forma como o metabolismo do As ocorre são insuficientes.

Toxicidade do arsénio para os organismos No que diz respeito aos riscos globais para a saúde humana, o arsénio é um dos elementos tóxicos ambientais mais graves. Os ambientes contaminados com arsénio afectam negativamente tanto a química como a microbiologia da zona subjacente saturada de arsénio (Brunning et al., 1994). O arsénio está no centro das atenções do público devido aos problemas de saúde de centenas de milhares de pessoas causados por águas subterrâneas contaminadas com arsénio. Estes problemas incluem o aumento do risco de cancro da pele, dos pulmões e da bexiga. A toxicidade aguda do arsénio varia consoante as suas formas químicas. Em geral, entre os compostos de arsénio presentes no ambiente, o arsenito é dez vezes mais tóxico do que o arsenato e setenta vezes mais do que as espécies metiladas, DMA e MMA (Squibb e Fowler, 1983). O DMA e o MMA são moderadamente tóxicos, enquanto a arsenobetaína e a arsenocolina são praticamente não tóxicas (Cannon et al., 1979). Os efeitos tóxicos do arsénio variam entre as diferentes partes da planta. O crescimento do rebento foi mais afetado pelo arsenato do que o das raízes em P. sativum L. (Paivoke e Simola, 2001). O ácido monometilarsónico (MMAIII) e o ácido dimetilarsínico (DMAIII) contêm arsénio no estado de oxidação trivalente. Estas formas são mais citotóxicas, mais genotóxicas e inibidoras mais potentes das actividades de algumas enzimas, tanto in vivo como in vitro, do que os arsenicais inorgânicos no estado de oxidação trivalente (Petrick et al., 2001). Por conseguinte, é razoável considerar a metilação do arsénio, neste caso, como uma via para a sua ativação e não como um modo de desintoxicação do cancro, principalmente morbus Bowen (carcinoma in situ), carcinomas basocelulares múltiplos e carcinomas espinocelulares (Spiewak, 2001). O arsenito não é significativamente mutagénico em concentrações não tóxicas, mas actua como um cocarcinogéneo com um segundo agente (genotóxico). O efeito comutagénico do arsenito deve-se à inibição da reparação do ADN, mas não foi encontrada nenhuma enzima de reparação específica que seja sensível a concentrações baixas (<1 DM) de arsenito. A exposição baixa (não tóxica) ao arsenito aumenta a sinalização positiva do crescimento. A ausência do funcionamento normal do p53, juntamente com o aumento da sinalização positiva do crescimento na presença de danos no ADN, pode resultar numa reparação defeituosa do ADN e explicar os efeitos comutagénicos do arsenito (Vogt e Rossman, 2001; Rossman et al., 2001). O trióxido de arsénio tem efeitos citotóxicos significativos e induz uma série de genes de stress em células de carcinoma hepático humano. A co-exposição à atrazina potencia fortemente a citotoxicidade induzida pelo trióxido de arsénio e a ativação transcricional de genes de stress em hepatócitos humanos transformados (Tchounwou et al., 2001). O arsenieto de gálio (GaAs) provoca vários efeitos tóxicos nos animais, incluindo doenças pulmonares. O GaAs é utilizado em vários produtos semicondutores, embora a sua toxicidade não seja completamente compreendida. A exposição à suspensão de GaAs e à solução de AsC13 induziu a citotoxicidade dos macrófagos alveolares. Os ensaios de libertação de enzimas e os resultados morfológicos indicaram danos nos macrófagos. Como se pensa que a libertação está associada ao citoesqueleto, a exposição ao GaAs prejudica a sua função motora. Assim, a citotoxicidade causou alterações citoestruturais e morte celular (Okada et al., 2001). A exposição múltipla ao GaAs pode produzir um efeito adverso no sistema hematopoiético, renal e imunitário, além de diminuir o teor de glutatião no sangue. Felizmente, o 2,3- Dimercaptopropano I-sulfonato de sódio (DMPS) é um quelante eficaz para inverter a maior parte das alterações imunológicas induzidas pelo GaAs e reduzir a carga de arsénio nos tecidos (Flora e Kumar, 1996). Para além do seu potencial tumorigénico, o arsénio demonstrou ser genotóxico numa grande variedade de diferentes inícios de experiências e parâmetros biológicos. In vitro, o arsénio demonstrou induzir mutagenicidade cromossómica, incluindo micronúcleos, aberrações cromossómicas e trocas de cromátides irmãs. O arsénio actua principalmente de forma clastogénica, mas também tem um potencial aneugénico. O potencial do arsénio para induzir mutações pontuais é muito baixo em sistemas celulares bacterianos e de mamíferos. No entanto, na exposição combinada com mutagénicos pontuais in vitro, foi demonstrado que o arsénio aumenta a frequência das mutações químicas de forma sinérgica. In vivo, o arsénio induziu aberrações cromossómicas e micronúcleos em ratos. Após uma exposição prolongada a água potável contaminada com arsénio, foram também encontradas frequências elevadas de lesões do ADN (por exemplo, micronúcleos e aberrações cromossómicas) na grande maioria dos seres humanos. Não é claro o mecanismo pelo qual a genotoxicidade do arsénio é mediada, embora os dados disponíveis indiquem que o arsénio actua indiretamente no ADN, ou seja, através de mecanismos como a interferência da regulação da reparação ou integridade do ADN. Devido ao modo de ação indireto, a genotoxicidade do arsénio pode estar subjacente a uma relação dose-resposta sublinear (Gebel, 2001).

Processos moleculares de formação do cancro

O arsénio é considerado um elemento que pode causar cancro da pele, da bexiga, dos pulmões, do fígado e dos rins. As investigações revelaram que as mortes relacionadas com o arsénio podem resultar de cancro do pulmão. O arsénio não está envolvido na causa de mutações genéticas, reagindo assim indiretamente com o ADN (Figura 1). Foram estabelecidos numerosos mecanismos pelos quais os compostos de arsénio formam tumores, tais como danos genotóxicos, stress oxidativo e anomalias nos cromossomas As pessoas que possuem o genótipo p53 Arg/Arg são menos propensas ao arsénio inorgânico e têm uma maior quantidade de DMA. O arsenito não pode impedir qualquer enzima de reparação do ADN, mas é provável que o arsenito possa obstruir a gestão do processo de reparação do ADN em comparação com as substâncias de reparação A aneuploidia pode ser sujeita ao arsenito. O arsenito é diferente dos venenos do fuso porque o arsenito não impede a formação da fibra do fuso; em vez disso, o arsenito está envolvido na alteração do equipamento do fuso através da facilitação da polimerização dos microtúbulos.

Ao trabalhar numa disposição de conversão celular mais recente (experimentando a linha de células epiteliais do fígado de rato TRL 1215), descobriu-se que as alterações epigenéticas globais do ADN, a iniciação do proto-oncogene c-myc e a redução da atividade das enzimas metiladas do ADN influenciavam significativamente a exposição persistente à conversão prejudicial do arsenito. As conclusões do estudo de investigação explicam que o arsenito pode atuar como um elemento causador de cancro através da indução de hipometilação do ADN, provocando assim caraterísticas genéticas anormais. Uma outra experiência realizada no promotor p53 em células de carcinoma A549 do pulmão humano mostrou que podem surgir resultados opostos no processo de metilação do ADN através do arsenito. Uma sujeição prolongada ao arsenito aumentou a metilação de CpG no promotor do p53, o que aumentou as probabilidades de bloquear a transcrição do importante gene p53. O gene p53 é considerado um gene importante que controla os tumores e os seus produtos proteicos são vitais para o controlo da apoptose, do ciclo celular e da reparação do ADN. Após 24 horas de tratamento com arsenito, os investigadores observaram alterações significativas no gene p53 e no ciclo celular em três linhas celulares. Um efeito da transfecção do gene p53 mutante com as células mostrou que estas são mais sensíveis ao arsenito.

Consequências para a saúde relacionadas com o arsénio

Cancro infantil: Em teoria, há informações inadequadas relacionadas com a sujeição ao arsénico na água potável, que pode causar a doença do cancro infantil, e descreve-se que o arsénico pode aumentar as probabilidades de risco de leucemia linfoblástica; No entanto, a quantidade de arsénico na água potável habitual era muito baixa, o que impedia o aumento das probabilidades de leucemia Níveis elevados de arsénico na água potável podem causar cancro da bexiga, cancro da pele e podem afetar negativamente a capacidade intelectual das crianças As taxas de frequência de cancro infantil no Nevada foram observadas em níveis elevados de água na gama de 35-90 pg/L. A estimativa do risco relativo foi de 1,25 (IC 0,91-1,69) para o cancro infantil e de 1,37 (IC: 0,92-1,83) para a doença vulnerável da leucemia.

crianças com menos de 20 anos de idade, expostas a um elevado teor de arsénio (RR=10,6, 95% CI 2,9-39,2, pO.OOl) na água potável tornaram-se vítimas de mortalidade por cancro do fígado As crianças afectadas morreram antes de 1980 e a razão da sua morte não pôde ser provada por quaisquer registos médicos, nem foi confirmado que estas crianças morreram devido ao aumento da exposição ao arsénico na água potável Em suma, pode resumir-se que os estudos de investigação anteriores rejeitam a noção de que as mortes são cada vez mais causadas por cancros infantis, mas através de um estudo, foram encontrados riscos relativos aumentados para o cancro do fígado que estão sujeitos ao aumento de substâncias arsénicas na água potável.

Diminuição do peso do bebé e aumento da mortalidade infantil: A exposição ao arsénico tem uma forte ligação com o aumento da incidência de morte infantil e; Segundo alguns estudos de investigação, a exposição ao arsénico pode resultar em nados-mortos e abortos, bem como na diminuição do peso dos bebés recém-nascidos A exposição precoce ao arsénico pode enfraquecer fortemente as capacidades neurológicas das crianças, tais como as capacidades de comunicação verbal, e os níveis de QI das raparigas estão inversamente relacionados com a exposição ao arsénico O peso à nascença difere consoante os países, tendo sido detectada uma diminuição do peso dos bebés recém-nascidos resultante de uma baixa exposição ao arsénico no Chile (28), em Taiwan (86) e no Bangladesh (28). No Chile, a diminuição do peso médio dos bebés recém-nascidos foi estimada em 57 g e em 30 g em Taiwan. No Bangladesh, os coeficientes de regressão ajudaram a compreender que um aumento de 1 µg/g de arsénio no cabelo pode reduzir o peso dos bebés até 19,5 g

Efeitos adversos sobre as alterações: Quando o arsénico é consumido pelo corpo humano, provoca alterações de pigmentação na pele do tronco e dos membros e queratose nodular nas plantas dos pés e nas palmas das mãos. Através da análise de vários estudos epidemiológicos relacionados com lesões cutâneas, descobriu-se que a maioria das pessoas que sofrem de lesões cutâneas tinha consumido água potável com um teor de arsénico superior a 100 µg/L, embora tenham sido comunicadas lesões com concentrações de arsénico inferiores a 50 µg/L. Na maioria das populações envolvidas no consumo de água potável e que se deparam com problemas de água com arsénico, as lesões foram consideradas como o primeiro sintoma para identificar o problema. De acordo com um relatório atual do estudo prospetivo Health Effects of Arsenic Longitudinal Study (HEALS), o risco vulnerável de sofrer lesões cutâneas não foi reduzido após a diminuição da exposição ao arsénico durante vários anos. Por conseguinte, é provável que ocorram lesões na pele vários anos após a exposição. Na década de 1960, descobriu-se que existe uma elevada propensão para o aparecimento de lesões cutâneas devido ao teor de arsénio na água potável em Taiwan e os mesmos resultados foram revelados na Índia e em Bengala Ocidental na década de 1980

Cancro da próstata humano: No final da década de 1980, foram descobertas em Taiwan as primeiras provas de que o arsénio inorgânico estava altamente correlacionado com o cancro da próstata humano. Tratava-se de um estudo de acompanhamento que se concentrava nas relações dose-resposta entre o arsénio e o cancro numa população exposta a níveis elevados de arsénio na água potável dos poços artesianos locais. A população estudada pertencia à zona de doença endémica do "pé negro" que prevalecia no sudoeste de Taiwan, uma doença que envolvia a disfunção vascular periférica provavelmente devida à exposição ao arsénico Embora o estudo original não tivesse analisado o cancro da próstata, o estudo subsequente identificou uma correlação digna de nota entre a vulnerabilidade ao arsénico e a mortalidade por cancro da próstata nesta população

Doenças oculares induzidas pelo arsénico: Foi realizado um estudo metódico para determinar se a ingestão crónica de arsénio pode resultar em problemas oculares específicos. Descobriu-se que os indivíduos expostos sofriam de lacrimejamento, irritação e vermelhidão em ambos os olhos. Um oftalmologista qualificado examinou cuidadosamente os participantes para detetar conjuntivite e doenças oculares relacionadas. Foram excluídos alguns casos associados ao registo de corrimento mucopurulento (caraterístico da conjuntivite bacteriana), fotofobia e lacrimejamento extremo (caraterísticos da conjuntivite viral), e prurido intenso e corrimento rochoso (caraterístico da conjuntivite alérgica). Outros sintomas devidos à exposição ao arsénico incluíam a pigmentação da esclerótica, a pinguécula, o pterígio e a congestão conjuntival.

Doença cardiovascular: Estudos epidemiológicos realizados em diferentes partes do mundo relacionados com níveis elevados de arsénico (>300 μg/1) nas águas subterrâneas descobriram que a exposição ao arsénico está fortemente correlacionada com o aumento do risco de doenças cardiovasculares, aterosclerose carotídea, doença cardíaca isquémica e mortalidade devido a doença vascular. No entanto, as abordagens subjacentes ainda não estão bem definidas. De acordo com vários estudos, foi revelado que o arsénico presente na água potável pode desenvolver doenças cardiovasculares, especialmente em Taiwan. Na China e no Bangladesh, foi relatado que as alterações do eletrocardiograma em populações expostas podem resultar num aumento do risco de arritmia, mortalidade, doenças cerebrovasculares e cardiovasculares.

Cancro da bexiga : A incidência de cancro da bexiga e a exposição ao arsénico através da água potável foi verificada por estudos realizados em Taiwan e no Bangladesh. No entanto, estes estudos apenas verificaram a associação após a exposição a concentrações elevadas de arsénico; pensa-se que não existe associação com exposições baixas ao arsénico (100 a 200 μg/L). Estudos recentes têm debatido se a exposição a baixas concentrações de arsénico está relacionada com o cancro da bexiga devido ao poder estatístico potencialmente insuficiente e a erros na classificação do estado de exposição nos estudos anteriores. Assim, são necessários estudos que abordem com precisão estas questões. Sob exposição a concentrações elevadas de arsénio, o tabagismo interage sinergicamente com o arsénio para aumentar o risco de cancro da bexiga. Durante este processo, existe também uma grande possibilidade de o processo de desintoxicação do arsénico ser inibido devido à inibição da reparação do ADN e à redução dos níveis de nutrientes essenciais. Em 2010, não foi relatada qualquer associação com a incidência de cancro da bexiga após baixas concentrações de exposição ao arsénico e ao tabagismo, mas é necessária uma confirmação adicional. Uma das principais limitações destes estudos anteriores pode ser a incapacidade de medir com precisão os níveis de tabagismo e de exposição ao arsénico, o que exige estudos futuros.

Cancro do fígado: Embora estudos anteriores realizados na Argentina, no Chile, na Dinamarca e noutras regiões tenham relatado uma relação com o cancro do fígado, não se chegou a um consenso sobre esta relação, principalmente devido a uma disponibilidade limitada de dados representativos Recentemente, os resultados de um estudo de coorte retrospetivo de 20 anos sobre doentes com cancro do fígado (802 homens e 301 mulheres) de 138 comunidades em Taiwan revelaram um aumento significativo da incidência de cancro do fígado em ambos os sexos a uma concentração de arsénio superior a 0,64 mg/L, mas não foi encontrada qualquer associação a níveis de exposição inferiores a 0,64 mg/L

Leucemia: Muito poucos estudos investigaram a associação entre a exposição ao arsénio e a leucemia. Um relatório observou que o número de doentes com leucemia (n=28) em Woburn, Massachusetts, entre 1966 e 1986, era mais de 4 vezes superior à taxa de incidência média dos EUA, e que a água potável nesta região estava contaminada com metais pesados como o arsénio (70 μg/L) e o crómio (240 μg/L) a níveis superiores ao limite permitido pelo governo estatal, num recente estudo de caso-controlo de base populacional sobre 69 pacientes com leucemia pediátrica na Califórnia, foi relatada uma associação significativa entre a exposição ao arsénico e a leucemia na maioria das mães grávidas (OR, 1.33; IC 95%, 1,02 a 1,73)

Efeitos não cancerígenos

Efeitos neurológicos, memória e função intelectual

O arsénico acumulado no organismo durante a infância pode induzir anomalias neurocomportamentais durante a puberdade e alterações neurocomportamentais na idade adulta. Além disso, podem ocorrer efeitos acrescidos após a exposição ao chumbo, pelo que é necessário ter cuidado. A neurite causada pelo arsénio é uma complicação reconhecida da toxicidade do arsénio e é conhecida por afetar as funções sensoriais dos nervos periféricos. A investigação em crianças mexicanas indicou uma associação entre a exposição ao arsénio e défices no quociente de inteligência verbal e na memória a longo prazo. Além disso, o efeito foi proporcional à dose; por conseguinte, uma criança exposta a 50 µg/L de arsénio teve um desempenho significativamente inferior ao de uma criança exposta a 5,5 µg/L de arsénio.

Diabetes

Recentemente, foi sugerida a possibilidade de a exposição ao arsénio afetar a incidência da diabetes. Em particular, foi comunicada uma associação entre a diabetes tipo 2 que ocorre em indivíduos obesos com 40 anos ou mais e a exposição ao arsénio inorgânico. Estudos realizados em Taiwan indicaram que a taxa de incidência de diabetes nos residentes de uma região com um nível elevado de arsénico na água potável era 2 a 5 vezes superior à dos indivíduos não expostos, o que sugere que o arsénico pode influenciar a incidência de diabetes.

Efeitos na pele

Vários estudos examinaram a incidência de várias doenças de pele devido à exposição ao arsénio. De acordo com um estudo realizado no Bangladesh, a melanose e a queratose ocorreram em 36 de 167 residentes (13,9%) expostos a água potável com baixas concentrações de 10 µg/L ou menos de arsénico. Outro estudo recente sobre 11 746 residentes do Bangladesh expostos a arsénico na água potável em concentrações de 8.1 a 40,0, 40,1 a 91,0, 91,1 a 175,0, e 175,1 a 864,0 µg/L, apresentou ORs de 1,91, 3,03, 3,71 e 5,39, respetivamente. Estes resultados sugerem que a exposição a várias concentrações de arsénio pode afetar o risco de cancro da pele e está relacionada com perturbações nas fases prodrómicas do cancro da pele.

Efeitos nas doenças cardiovasculares

Lee et al. referiram que o arsénio pode afetar os trombócitos, que desempenham um papel importante nas doenças cardiovasculares. Na presença de trombina, o arsenito trivalente aumenta a aglutinação dos trombócitos. Em estudos com animais, observou-se que o arsénio na água potável aumenta a formação de trombos arteriais. O estudo de Lee et al.

também relataram que a ingestão a longo prazo de água potável com arsénio pode aumentar a aglutinação de trombócitos e induzir doenças cardiovasculares. No entanto, são necessários estudos adicionais para determinar a relevância destes resultados em seres humanos

Efeitos no sistema reprodutor

Em particular, a mortalidade fetal e o nascimento prematuro aumentaram com o aumento da exposição ao arsénio. Verificou-se também que a exposição ao arsénio durante a gravidez afecta a excreção de urina e a distribuição dos metabolitos, afectando o desenvolvimento do feto. Além disso, pensa-se que estes efeitos se manifestam de várias formas, dependendo da fase da gravidez. Estudos realizados em animais sugerem que estes efeitos podem ser causados por necrose, apoptose e perda do óvulo fertilizado devido à exposição ao arsénico. Embora Hopenhayn et al. tenham sugerido a possibilidade de a exposição crónica a baixas concentrações de arsénico (<50 μg/L) poder causar baixo peso à nascença e prejudicar o crescimento da placenta no útero, é necessária investigação adicional nesta área.

CAPÍTULO 5

Bioremediação do arsénio

Os solos contaminados com arsénio têm sido tratados com sucesso utilizando métodos de fixação em que são adicionados produtos químicos para evitar a mobilização do arsénio. O tratamento Fell foi utilizado para a remediação de solos contaminados com arsénio, diminuindo as concentrações de arsénio solúvel em água. Devido à propriedade de oxidação e subsequente precipitação de iões ferrosos (secção 1.2.1.4.), as bactérias oxidantes de ferro têm sido aplicadas na remoção de ferro ferroso e arsénio das águas subterrâneas. Os óxidos de ferro são adsorventes eficientes nos processos de remoção de arsénio, em que o arsenato é mais eficientemente absorvido pelos óxidos de ferro do que o arsenito (Katsoyiannis e Zouboulis, 2004). Moore et al. trataram os solos contaminados com arsénio com um rácio molar Fe:As de 2 para reduzir o limite de qualidade da água para <50 µg L-l. A extração sequencial de solos tratados com Fe demonstrou que o arsénio era relativamente estável (Moore et al., 2000). Voigt et al. (1996) utilizaram um processo de fixação através da adição de sulfato ferroso e água, seguido de Ca(OH)2, cimento Portland e água. O objetivo do primeiro passo era formar arseniato de Fe insolúvel e o segundo era ligar o solo. A distribuição granulométrica dos grãos de solo não tratado contendo arsénio era bimodal, com 70% do arsénio a ocorrer em duas fracções granulométricas: 38% na fração de 0,25-0,5 mm, principalmente como o mineral hoernesite [Mg-3(AsO4)2. 8H2O], e 32% na fração de tamanho inferior a 5 □ m. A partir de extracções sequenciais, infere-se que o arsénio na fração mais fina está presente numa forma oxianiónica adsorvida em superfícies minerais. A fixação do arsénio ocorre através da precipitação de uma fase As-Fe desconhecida ou por incorporação durante a precipitação de óxido de Fe, auxiliada pela imobilização por um revestimento de cimento (Voigt et al., 1996). Estes métodos constituem uma tecnologia competitiva em termos de custos, que pode ser aplicada no tratamento de águas subterrâneas com concentrações elevadas de ferro e arsénio.

Fitoremediação

A fitorremediação mais suscetível de remediar com êxito os solos contaminados com arsénio é provavelmente a fitoextracção, que exige que as plantas utilizadas sejam tolerantes ao arsénio e tenham uma elevada taxa de acumulação de biomassa. A planta deve acumular uma concentração elevada de arsénio, produzir biomassa suficiente e permitir a colheita prática de biomassa rica em arsénio.

A forma química do arsénio presente na solução nutritiva determina principalmente a sua fitodisponibilidade. A diferente localização e fitotoxicidade do arsenito, arseniato, MMA e DMA, que contribuem para a produção de matéria seca, devem ser consideradas quando as plantas são utilizadas para a fitorremediação de solos contaminados com arsénio. A maior translocação ascendente nas plantas de MMA e DMA (Carbonell-Barrachina et al., 1999a) sugere que a metilação do arsénio é provavelmente vantajosa para recolher o arsénio nos solos através da colheita de rebentos de plantas.

Solidificação do arsénio nos solos

A solidificação/estabilização com cimento e/ou cal provou ser um método eficaz para reduzir a quantidade de arsénio lixiviado do solo para um valor inferior à norma de lmg L-l. Os resultados de um ensaio de lixiviação semi-dinâmico indicaram que o arsénio era libertado muito lentamente do material solidificado. Durante o período do ensaio de lixiviação, apenas 0,10% do arsénio inicialmente presente foi lixiviado

Referências

Andres, J., Arsene-Ploetze, F., Barbe, V., Brochier-Armanet, C., Cleiss-Amold, J., Coppee, J. Y.,... & Bertin, P. N. (2013). Vida em uma mina de ouro contendo arsênico: genoma e fisiologia da bactéria autotrófica oxidante de arsenito Rhizobium sp. NT-26. Biologia e evolução do genoma, 5(5), 934-953.

Corsini, A., Zaccheo, P., Cavalca, L., Colombo, M., Andreoni, V., & Muyzer, G. (2013). Habilidades de transformação de arsênico de bactérias de águas subterrâneas: uso combinado de cepa 2WW e goethita na remoção de metaloides. In Contributed paper to the Proceedings of the 3th International Conference on Research Frontiers in Chalcogen Cycle Science & Technology (pp. 155-162).

Das, S., Kar, S., Jean, J. S., Rathod, J., Chakraborty, S., Liu, H. S., & Bundschuh, J. (2013). Abundância e diversidade resolvidas em profundidade de bactérias oxidantes de arsenito nas águas subterrâneas de Beimen, uma área endémica da doença do pé negro no sudoeste de Taiwan. Investigação sobre a água, 47(19), 6983-6991.

Datta, S. (2015). Aspectos hidrológicos da contaminação por arsênico das águas subterrâneas no leste da Índia. Avanços em Agronomia.

Dong, D. T., Yamaguchi, N., Makino, T., & Amachi, S. (2014). Efeito dos microrganismos do solo na oxidação do arsenito em solos de arroz sob condições óxicas. Ciência do Solo e Nutrição de Plantas, 60(3), 377-383.

Dong, D., Ohtsuka, T., Dong, D. T., & Amachi, S. (2014). Oxidação de arsenito por um quimiolitoautotrófico facultativo Sinorhizobium sp. KGO-5 isolado de solo contaminado com arsénio. Biociência, biotecnologia e bioquímica, 78(11), 1963-1970.

Duan, M., Wang, Y., Xie, X., Su, C., & Li, J. (2013). Bactéria oxidante de arsenito isolada de aquíferos de água subterrânea com alto teor de arsênico da Bacia de Datong, norte da China. Procedia Earth and Planetary Science, 7, 232-235.

Ghosh, D., Bhadury, P., & Routh, J. (2014). Diversidade de comunidades bacterianas oxidantes de arsenito em aquíferos deltaicos ricos em arsênico em Bengala Ocidental, Índia. Fronteiras em microbiologia, 5.

Hamamura, N., Fukushima, K., & Itai, T. (2013). Identificação de bactérias oxidantes de antimónio e arsénio associadas a rejeitos de minas de antimónio. Microbes and Environments, 28(2), 257-263.

Hamamura, N., Itai, T., Liu, Y., Reysenbach, A. L., Damdinsuren, N., & Inskeep, W. P. (2014). Identificação de bactérias anaeróbias oxidantes de arsenito e redutoras de arsenito associadas a um lago salino alcalino em Khovsgol, Mongólia. Relatórios de Microbiologia Ambiental, 6(5), 476-482.

Jean, J. S., Das, S., & Kar, S. (2014, abril). Abundância e diversidade de bactérias oxidantes de arsenito nas águas subterrâneas de Beimen, uma área endêmica da doença do pé negro no sudoeste de Taiwan. Em Um Século da Descoberta da Arsenicose na América Latina (1914-2014) As2014: Actas do 5º Congresso Internacional sobre Arsénio no Ambiente, 11 a 16 de maio de 2014, Buenos Aires, Argentina (p. 305). CRC Press.

Kao, A. C., Chu, Y. J., Hsu, F. L., & Liao, V. H. C. (2013). Remoção de arsénio de águas subterrâneas usando uma bactéria oxidante de arsenito isolada nativa. Jornal de hidrologia de contaminantes, 155, 1-8.

Khianngam, S., Akaracharanya, A., Lee, J. S., Lee, K. C., Kim, K. W., & Tanasupawat, S. (2014). Flavobacterium arsenitoxidans sp. nov., Uma bactéria oxidante de arsenito do solo tailandês. Antonie van Leeuwenhoek, 106(6), 1239- 1246.

Lami, R., Jones, L. C., Cottrell, M. T., Lafferty, B. J., Ginder-Vogel, M., Sparks, D. L., & Kirchman, D. L. (2013). O arsenito modifica a estrutura das comunidades microbianas do solo e o potencial de oxidação do arsenito. FEMS microbiologia ecologia, 84(2), 270-279.

Liao, S., Zhou, J., Wang, H., Chen, X., Wang, H., & Wang, G. (2013). Oxidação de arsenito usando óxidos de manganês biogênicos produzidos por uma bactéria oxidante de manganês do fundo do mar, Marinobacter sp. MnI7-9. Geomicrobiology Journal, 30(2), 150-159.

Luo, Y., Xie, Z. M., Zhou, Y. F., & Wang, Y. X. (2013). Diversidade bacteriana nos sistemas de águas subterrâneas com alto teor de arsênico da planície de Jianghan e da bacia de Datong pela biblioteca de clones 16S rDNA. Pesquisa de Materiais Avançados, 726, 35-38.

Osborne, T. H., McArthur, J. M., Sikdar, P. K., & Santini, J. M. (2015). Isolamento de uma bactéria que respira arsenato de uma frente redox em um aquífero poluído com arsênico em Bengala Ocidental, Bacia de Bengala. Ciência e tecnologia ambiental.

Paul, D., Poddar, S., & Sar, P. (2014). Caracterização de bactérias oxidantes de arsenito isoladas de águas subterrâneas contaminadas com arsénico de Bengala Ocidental. Joumal de Ciência Ambiental e Saúde, Parte A, 49 (13), 1481-1492.

Poirel, J., Joulian, C., Leyval, C., & Billard, P. (2013). Mudanças induzidas por arsenito na abundância e expressão de genes transportadores de arsenito e arsenito oxidase de uma comunidade microbiana do solo. Investigação em microbiologia, 164(5), 457-465.

Pous, N., Casentini, B., Rossetti, S., Fazi, S., Puig, S., & Aulenta, F. (2015). Oxidação anaeróbica de arsenito com um eletrodo servindo como o único aceitador de elétrons: Uma nova abordagem para a biorremediação de águas subterrâneas poluídas com arsénio. Journal of hazardous materials, 283, 617-622.

Prasad, K. S. (2014). Isolamento e caraterização de bactérias oxidantes de arsénio: uma tentativa de resolver o problema do arsénio.

Rahman, S., Kim, K. H., Saha, S. K., Swaraz, A. M., & Paul, D. K. (2014). Revisão das técnicas de remediação para a contaminação por arsénio (As): uma nova abordagem utilizando bioorganismos. Jornal de gestão ambiental, 134, 175-185.

Seth, P. K. (2014). Contaminantes químicos na água e riscos associados à saúde. Em Water and Health (Água e Saúde) (pp. 375-384). Springer Índia.

Shrivastava, A., Ghosh, D., Dash, A., & Bose, S. (2015). Contaminação por arsénico no solo e sedimentos na Índia: Sources, Effects, and Remediation. Current Pollution Reports, 1-12.

Valenzuela, C., Moraga, R., Leon, C., Smith, C. T., Mondaca, M. A., & Campos, V. L. (2015). Oxidação de Arsenito por Pseudomonas arsenicoxydans Imobilizado em Zeólito e sua Potencial Aplicação Biotecnológica. Boletim de contaminação ambiental e toxicologia, 94(5), 667-673.

Vishnoi, N., Dixit, S., & Singh, D. P. (2014). Ligação à superfície e absorção intracelular de arsénio em bactérias isoladas de locais contaminados com arsénio. Engenharia Ecológica, 73, 569-578.

Wu, G., Jiang, H., Dong, H., Huang, Q., Yang, J., Webb, L.,... & Wang, Y. (2014). Distribuição de bactérias oxidantes de arsenito e sua correlação com a temperatura em fontes termais da zona geotérmica Tibetan-Yunnan na China Ocidental. Geomicrobiology Journal, (apenas aceite), 00-00.

Xie, W. Y., Su, J. Q., & Zhu, Y. G. (2014). Oxidação de arsenito pela comunidade bacteriana da filosfera associada a Wolffia australiana.Environmental science & technology, 48(16), 9668-9674.

Yamamura, S., Watanabe, K., Suda, W., Tsuboi, S., & Watanabe, M. (2013). Efeito dos antibióticos nas transformações redox do arsénio e na diversidade de bactérias oxidantes de arsenito em comunidades microbianas de sedimentos. Environmental science & technology, 48(1), 350-357.

MIX
Papier aus verantwortungsvollen Quellen
Paper from responsible sources
FSC® C105338

Printed by Books on Demand GmbH, Norderstedt / Germany